领导科研团队

LEADING YOUR RESEARCH TEAM IN SCIENCE

原　著　〔荷〕里策特 · C. 扬森（Ritsert C. Jansen）
主　译　李乃适
副主译　丁慧华
审　校　傅静远
译　者（按姓氏笔画排序）
丁慧华　李乃适　李佳宁　漆　璇

中国协和医科大学出版社
北　京

著作权合同登记：图字 01 - 2023 - 2440 号
This is a simplified Chinese translation of the following title published by Cambridge University Press：
Leading Your Research Team in Science
ISBN 978 - 1 - 108 - 70186 - 0 Paperback

图书在版编目（CIP）数据

领导科研团队／（荷）里策特 · C. 扬森（Ritsert C. Jansen）编著；李乃适译. —北京：中国协和医科大学出版社，2023. 5
ISBN 978 - 7 - 5679 - 2197 - 9
Ⅰ. ①领…　Ⅱ. ①里… ②李…　Ⅲ. ①科研人员 - 组织管理　Ⅳ. ①G322
中国国家版本馆 CIP 数据核字（2023）第 074686 号

领导科研团队

原　　著：〔荷〕里策特 · C. 扬森（Ritsert C. Jansen）
主　　译：李乃适
责任编辑：李元君
封面设计：许晓晨
责任校对：张　麓
责任印制：张　岱

出版发行：中国协和医科大学出版社
（北京市东城区东单三条 9 号　邮编 100730　电话 010 - 65260431）
网　　址：www. pumcp. com
经　　销：新华书店总店北京发行所
印　　刷：北京联兴盛业印刷股份有限公司

开　　本：710mm × 1000mm　1/16
印　　张：12. 75
字　　数：150 千字
版　　次：2023 年 5 月第 1 版
印　　次：2023 年 5 月第 1 次印刷
定　　价：30. 00 元

ISBN 978 - 7 - 5679 - 2197 - 9

谨以此书纪念我的父亲，

他的谆谆教诲似乎就在字里行间。

中译本序

继《开发科研潜能》《申请科研基金》之后，里策特·C. 扬森教授（以下简称“扬森”教授）笔耕不辍，集数年功力完成了《领导科研团队》，为本系列著作划上了完美的句号。如果说《开发科研潜能》和《申请科研基金》的受众读者是“小白”级科研初习者，那么《领导科研团队》可以说是科研工作者的进阶秘笈。

尽管历史上也曾有过部分科学家以一己之力作出过改变世界的学术贡献，如爱因斯坦；但绝大多数科研工作者都是需要团队协作的。成功的团队，各成员之间发挥互补的作用，一方面促成了科研成果高效产出，另一方面彼此取长补短、共同成长，人才高地就此形成。这样的例子屡见不鲜，如量子物理领域的哥本哈根学派、分子生物学领域的剑桥学派等。当然，不成功的团队也比比皆是，甚至有团队成员个个才华横溢但无法合作；这种团队不仅难以取得重要科研成果，而且其所继发的不良学术气氛也阻碍青年科研人员成长。因此，团队在科研工作中的作用是不可忽视的，而团队领导者又恰恰是最为重要的成员。如何成为一名优秀的团队领导者？扬森教授在本书中进行了精彩解答。

如果你遵循扬森教授的思路和方法，在积极开发出足够的科研潜能、成功申请到可观的科研基金以后，你必定要经历从团队成员向团队领导转变的过程。并非每位科研工作者都能够顺利完成这一转变，或者在机会到来时尚未做好充分的准备。扬森教授显然也曾经历这一过程，因此，他以与前两部著作一脉相承的思路、以科学的态度来观察和分析这一问题，并探讨如何解决。与前两部著作的思路相似，扬森教授向大家展示了如何高效而“有温度”地领导科研团队，营造良好的学术气氛和帮助所有团队成员共同成长。

中译本的问世让更多的年轻学者能够从扬森教授的理论和经验中获益。尽管我国的许多科研制度与欧洲有着一些差异，但扬森教授在本书中随处可见的精彩思想和论断，必将使读者满载而归。

陈雪梅
北京大学生命科学学院院长
美国国家科学院院士

前　言

本书是写给谁看的?

本书适用于团队领导者或潜在的团队领导者，他们通常正在（或即将）领导自己的研究团队去执行科研计划。为研究团队提供支持的专家也是本书的受众，包括人力资源、人际沟通、信息技术、财务、知识产权、法律和合同事务、教学等领域的工作人员；他们对帮助科研人员实现科研计划至关重要。那么，你能从本书中获得什么呢？下面我将对你能从本书中获取的信息做一概述。

■ **如果你已经是团队领导者或者渴望成为团队领导者**。你非常热爱科学。你的兴趣可能在于精密科学（生物、化学、数学或物理），也可能在于其他科学（医学、行为学、经济学、历史学或社会科学）。你雄心勃勃，希望进一步推动你所研究领域的前沿进展，你梦想拥有一支成功的专业团队，你打算与一群敬业的人一起工作。那么你要如何实现这个目标？在当今的学术界，在特定的科学领域成为专家已经不够了。你还需要具备各种各样其他技能，才能完成你的学术“生意”。你需要拥有把握最佳机会的“嗅觉”，以及对于重大威胁的敏锐预警。你要能够“兜售”你的研究计划，以吸引必要的资金支持。你需要招募合适的人才，并且创建一个能够同心协力的团队。你需要向资助机构和公众证明，投资你是一个明智的选择。在公开分享成果之前，你需要知道如何保护你的知识产权。你需要的还有很多很多……最后一点是：你需要将你的科研时间尽可能地利用起来，与你的团队进行真正的科学研究。你如何才能做到这一点？最可能的答案是：与时俱进地发挥团队合作在研究中的作用。今时不同往日，研究团队已经成为才华横溢的科学家和强有力的支持人员之间的联盟。一定要了解这些支持人员能够为你提供的帮助；要学会理解他们的语言，也要帮助他们理解你的语言。让他们真正地参与到你的工作之中，支持你、引导你、给你建议并且能够提供培训，让他们为团队合作贡献自己的力量。最后也是最重要的一点，研究成果要共享。领导团队，成为一名企业家，能否让你的科学工作成为一项成功事业完全取决于你。我相信本书会激发你去做进一步的努力，最终效果无论是研究热情还是工作成效，团队的总体表现将超过个体表现之和。

■ **如果你是为研究工作提供支持服务的人**。也许你在大学的支持部门工作，你拥有优秀的同事，对于学术界的工作流程和程序有着深入的了解，并且对于科学家在研究项目中的目标有基本的认识。然而，这些科学家们太专业了，有时候会显得有些奇怪，所以理解并支持他们可能会是一个长期的挑战。但投入时间和精力与他们互动、了解他们的工作是值得的。如何让他们相信，你的专业知识能够为他们的研究业务增加价值。你的加入能够使他们的科学事务运转得好一点，甚至好很多吗？请站在他们的立场上去思考。对于他们而言什么才是真正有意义的？什么才能够让他们感受到鼎力支持？你只在自己所属的领域是专家，在他们的领域并不是。与他们一样，你需要了解自己的环境，在其他大学里，支持部门的同事们都能提供什么帮助？去看一看顶尖大学（以及其他一些大学）的网站，参加一些有关研究服务的国际和国内会议，将自己的经验通过口头报告或壁报的形式展示出来。多读文献，不仅要读那些用母语撰写的业务书籍，还要读一些学术期刊，例如《自然》《科学》《××前沿》《公共科学图书馆》和《高等教育纪事》等，这些期刊上也会经常发表与科研业务相关的文章。让你的科学伙伴知道你在自己的领域始终保持在最前沿，并向他们证明这一点，这会让你和科学家们联系更为紧密。最后，还可以考虑将你们部门的愿景、故事或者最佳实践经验发表在这些期刊上。这有助于说服你所支持的科学家以及你的管理层，让他们相信你的想法是能够获益的。向你所属机构的科学家们展示你的专业知识、工作热情和雄心吧。你需要让研究者相信：你会按照自己所说的去做（可信度），并且会按时去做（可靠度），你做事的方式会充分考虑到研究者的特点（可亲度），你这样做的目的是为了研究和研究者的利益而非仅仅为你个人（方向性），并且能够很好地完成（效率和有效性）。通过为成功科学家的工作做出贡献，他们的积极评价将会提高你的声誉并体现你的角色的重要性。

在本书的其余部分，“你”都指的是雄心勃勃、希望通过组建一个高效的团队来成就自己科学事业的科学家。如果你不是科学家而是支持人员，那么在每次读到“你”的时候，请自我代入一个有雄心的科学家的角色。

本书结构

本书共分 3 章（图 1）。

第一章　团队。这一章描述了如何建立一个高效团队，由硕士和博士研究生、博士后研究人员和其他工作人员（例如技术人员）组成。重点是：与人力资源部门的员工合作，优化你最重要的研究资源：人。

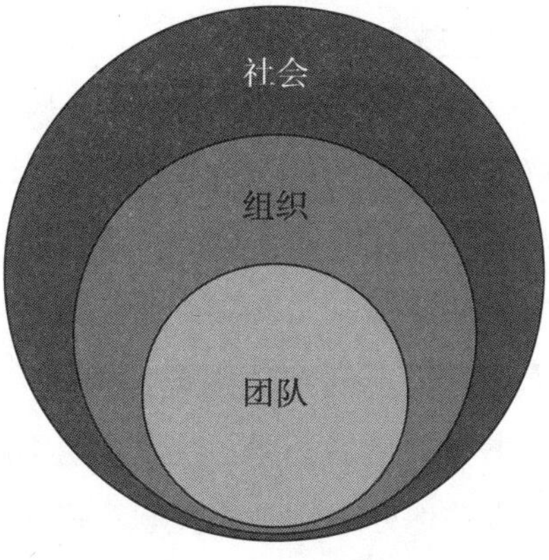

图 1　本书的 3 章

第二章　组织。这一章描述了如何正式地组织你的团队：如何管理财务，保护知识产权和洽谈法律合同；如何了解你所在机构的官方规则、程序和流程；如何与财务、法务、人力资源以及知识产权办公室的工作人员合作。

第三章　社会。这一章描述了如何与你的同行、公众以及其他相关人士打交道，他们通常希望或需要了解你的项目及结果。让这些信息对公众开放，让非学术界人士参与工作，并且使用传统和现代的媒体手段分享学术成果，从而提高你的工作的关注度和曝光度。此外，与信息技术、图书馆服务和通信服务的人员加强合作同样重要。

这 3 章及各章内容可以按照顺序阅读，也可以随意浏览。请按照你的需求阅读和使用本书中的信息。每章节中的“信息”，都通过真实的故事来佐证；唯其真实，所以说服力强。这些故事均以第一人称出现，来自科研相关的不同职业人士，包括各种职称的科研人员（从生涯起步一直到领军人物）和在学术界以外工作的校友。当然，为保护隐私，本书调整了部分细节，但不影响真实性。这些章节所传递的信息还被转换为“试一试”的练习，可以帮助你厘清思路。其中大部分练习你都可以独立完成，但是如果将其用在研究小组会、专门举办的同行讨论会或为年轻领导者开设的课程中，可能会从互动中获益更多。

三部曲

本书是“科研人员早期职业生涯”系列中的第三本。第一本《开发科研潜能》（2011）主要关注基本行为和技能，提供了关于如何开发自己的潜能、如何利用他人的能力以及如何发展他人潜能的指导方针。第二本《申请科研基金》（2013）主要关注提出科研项目申请并获取科研基金，指导你如何提出创新的科研创意并将其转变为成功的项目标书。本书是此系列图书中的最后一本，主要关注如何管理已经获得资助的科研项目，针对如何成功地处理所有相关职责提供了指导。

声明

本书涉及人力资源、财务、法务等领域的一系列问题，并涉及律师以及专利领域的问题。

声明一：本书提供的信息不能取代财务、法务或其他任何领域的专业建议。如果你有任何疑问，请联系相关领域的专家，例如人力资源专员、项目主管以及专利律师。针对具体的问题，在不同国家、同一国家的不同大学，甚至同一大学的不同机构之间，均有着不同的处理方式。但是，在阅读过本书后，你将有机会对这些问题进行思考，并且为恰当处理这些问题做好准备，同时了解一些你需要采取的常规措施。

声明二：本书并非科学文献。在阅读时，请尽量不要立刻接受或拒绝任何观点；相反，请进行品味、探索和思考，查阅“拓展阅读”部分，从而形成你自己的观点以及你自己科学事业的愿景、策略和计划。这以后就按照你自己的方式去做吧！

里策特 · C. 扬森

内容提要

你的脑海中是否充满着科研的新点子？你能否激励研究团队取得优异的成果？这本实用的指南面向团队领导者及想成为团队领导者的人，提供独特的方法帮助你开展研究，让你成为一名更加独立和高产的研究者。学习如何招募和培养有才能的团队成员，如何洽谈合同和管理项目，以及如何提高你的科学工作知名度和公众认知度。本书涵盖多方面的指导，从人力资源、项目财务、法律知识，到如何将知识传递给公众进行管理和媒体呈现，本书都可以帮助你提高技能，并且让你的团队在成功之路上与你共同提高。

本书包含大量实用的技巧、真实的案例和实践练习。这里能为你提供领导科研团队所需的一切知识储备。本书通过剑桥大学核心数据库（Cambridge Core）开放权限。

里策特 · C. 扬森（Ritsert C. Jansen）是荷兰格罗宁根大学的生物信息学教授和人才发展中心主任。他致力于通过分享自己作为研究员的经历，来帮助那些处于职业生涯早期阶段的同行。他编著的《开发科研潜能》一书，描绘了当下学术环境中现代科学家们的处境。随后他又编著了《申请科研基金》一书，指导科研工作者如何申请研究基金。本书是他三部曲中的最后一部——《领导科研团队》。

如果你想要了解一些关于如何成为一名研究领域“企业家”的要点和技巧，那么这一系列书籍非常适合你！

目　录

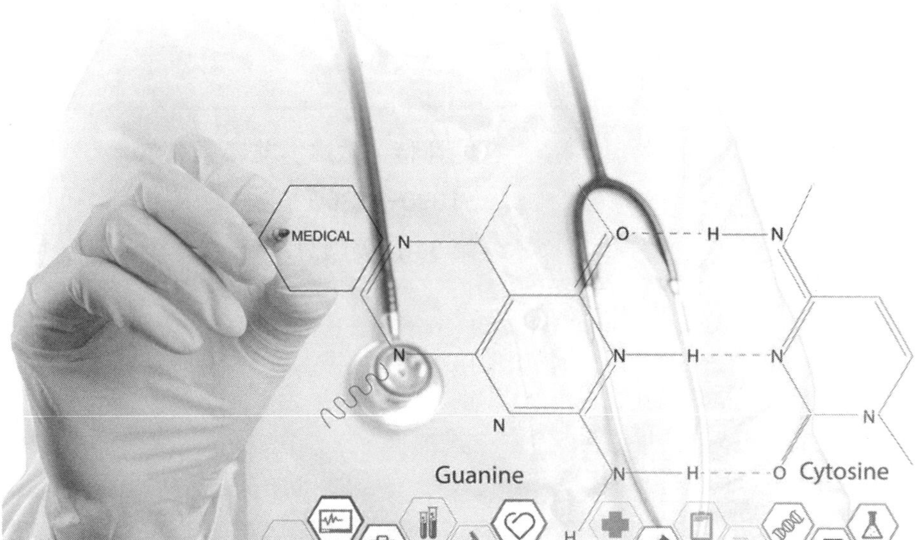
MEDICAL
Guanine
Cytosine

1

“一个同你一起工作的人远胜于三个为你工作的人。”

德怀特·戴维·艾森豪威尔

（1890—1969）

第 34 任美国总统

团　队

1.1

引 言

团队工作对你来说想必已经习以为常。做博士生或博士后的时候，你已经目睹了导师是如何领导一个团队的。幸运的话，那一定是充满乐趣的（如茶歇的时候来块蛋糕或者为庆祝最新论文被期刊采用而出去喝上一杯），特别是团队成员由不同背景的人组成时（如依据传统庆祝中国新年）。你将永远记住这些事。你的团队可能会取得令人惊讶的科学成果——远超项目开始时的计划或预期，因为团队精神激励所有成员向着更高水平一同努力。与此同时，你可能想知道这些快乐与成就背后的关键因素是什么。

有时候，团队工作又会令人十分沮丧，你可能也已经看到过这方面的消息（如博士生陷入细节困境停滞不前、精疲力竭，或者你亟需导师的帮助时他并不在办公室）。犹太人和阿拉伯人有句俗语："让你的对手人浮于事"。分歧、争议和不适——你可能已经经历过一些（或者说可能已经太多）这样的难题；你的导师可能已经解决了这些问题，或者已经创造了一种可以讨论和解决问题的团队文化；或者并没有……

一旦你建立起自己的团队，领导团队成员已经不再是你导师的职责——而是你的职责。快乐是你的，困难也是你的。在此之前，工作是为了成就你的事业；现在，这同样关乎其他人的事业。你热烈欢迎团队成员们，同时培养他们成为你的“科学继承人”。你是你所在领域的科学家，现在你比以往任何时候都需要关注你们团队中“人”这一方面的问题。

处理人这一方面的问题是成就你科学事业的关键。以下 4 部分阐述了从识别招募的第一个人到组建一支高效队伍的连续不同阶段。

■ **物色**。你将在哪里以及如何吸引优秀的博士研究生或博士后加入你的团队？

■ **甄选**。你将使用什么标准对申请人进行比较？你将如何评价和平等对待拥有不同专业知识、经验和特点的申请人？

■ **准备**。你和你的团队成员应该采取哪些良好的研究规范？你该如何让他们意识到他们的研究需要高标准？你能从一开始就关注这些标准吗？

■ **推进**。如何促成一群个体成为一支高效的团队？如何训练成员采取下一步行动？如果有成员离开，你该如何维持团队结构并保持正常的运行状态？

1.2

物　色

团队成员，比如博士生、博士后及一两个研究助理，来到你的团队，待上一段时间，然后又离开。他们出现在研究项目启动、运行和结题这一循环的部分阶段。这要求你富有技巧地选择并吸引那些适合团队及工作计划的成员。当有职位空缺时，你就可以开始寻找候选人了。你需要尽快填补空缺以免损失资金。如果不得不急急忙忙招募团队成员，并且选择面有限而候选人又不够优秀的话，那就太糟了。为什么不早点开始寻找候选人呢？毕竟，一个好的项目从有想法到得到资助也需要几个月。你可以利用这段时间列出候选人名单，这些博士生或博士后很可能在你职位有空缺时会寻求新岗位，寻求新岗位的博士生和博士后。一旦招聘开始，你就可以联系名单上的人，同时张贴招聘海报，并运用其他策略扩充人才队伍。通过这样的中短期招聘策略，为你成长中的团队招募到“市场最佳人才”的机会将大大提高。如果开始晚了，你可能不得不雇佣一个不确定是否能够胜任的候选人——这可就太糟糕了。

如何吸引最优秀的候选人？

为了能吸引和招募到最优秀的候选人，付出额外努力是值得的。图

1.1 展示了如何策略性地直接或间接与高潜力候选人取得联系。看看哪些策略对你有用。

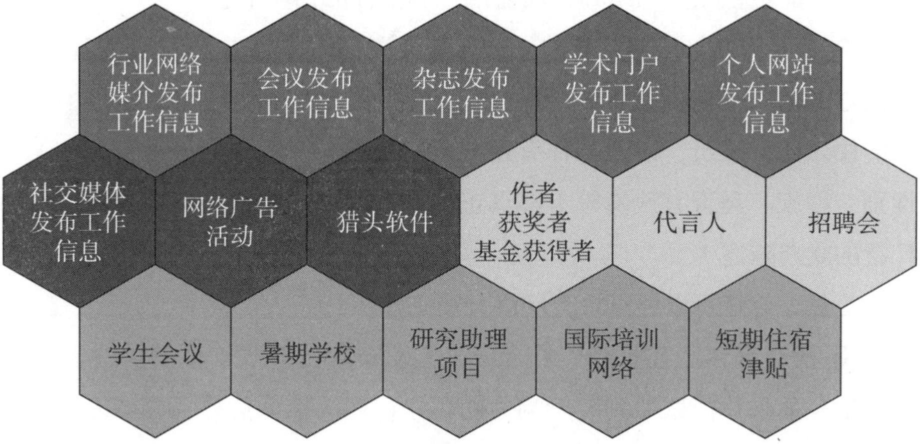

图 1.1 物色策略：传统招聘广告（顶部），招聘广告和社交媒体（中央，左侧）；公开发布任何职位之前，先列出一份候选人名单（中央，右侧）；制订一份你亲自见过的候选人名单（底部）

你可以用传统方式发布招聘广告：

■ **行业网络媒介**。开发、培养和利用与国内、国际同行及项目合作者的关系，相互分享工作和交流（实习）项目的信息。你可以申请成为你所在领域相关学术团体的成员，在他们的门户网站和新闻通讯中发布职位信息。你的大学可能与其他大学也有联系，这些大学可能能提供额外的行业网络媒介来发布你的岗位信息。

■ **会议**。试着就你和你的同行在访问、研讨会、会议或其他场合常规推介彼此的职位空缺，达成协议——这是针对特定群体的“直接营销”。与你的同行联合广告招聘可以展示你的团队、机构和大学的抱负和活力。

■ **科学杂志**。自然出版集团（Nature Publishing Group）等出版商允许在线或以印刷形式发布岗位招聘信息。这个选择将会非常昂贵，除非你的空缺职位是与你所在大学的其他空缺职位一起公布的。

■ **学术门户**。大学可以在其网站上发布你的招聘广告。大学、医学中心或研究机构的国家或国际组织也可以在其联合门户网站上发布广告。资助机构可能希望在其网站和新闻通讯中刊登你的招聘信息。

■ **个人网站**。所有认真的候选人都会浏览你的网站，借此他们将判断你及你的团队与他们是否彼此适合。更棒的是，网站上可以展示你不同背景的快乐团队成员，以及与你有过共事经历的人。明确指出每个人（无论性别、种族、是否有残障等）都真正受到欢迎（所有招聘方式中都应包含广泛的欢迎陈述）。

当然，你还可以通过社交网络分享工作信息：

■ **社交媒体**。在推特（Twitter）上发布职位空缺，你的关注者可能会转发。如果你能联系到有影响力的用户，你的推特信息将会被传播得更广。在脸书（Facebook）上发布职位空缺，其他人点赞，这样他们的朋友也看得到。试着在知名论坛和其他社交媒体平台上发文，例如你的同行社区、所属的学术社团、博士生和博士后研究员协会或者赞助你项目的资助机构。

■ **网络广告**。向支持人员寻求帮助以开展在线广告活动，例如：有了合适的关键字组合，谷歌（Google）广告的费用可能是负担得起的。你的广告可能会在优秀候选人的屏幕中弹出。其他平台如领英（Linkedin）等也可以通过电子邮件或广告等方式展示给合适的候选人。

■ **猎头软件**。Linkedin 等商业平台提供免费或付费的猎头工具。ResearchGate 和 Elsevier 的 SciVal 出版物数据库及其他在线信息库可查找候选人并对他们进行排名。根据发表文章、引用量、H 指数及其他情况（如用户数据、发表时间框架）等信息对候选人进行分析。再次强调，向支持人员寻求帮助。

你可以在有实际空缺出现之前就开始四处物色候选人。也就是说，你自己可以成为猎头。每次遇到某个感兴趣的人选时，从招聘的角度评估这个人，记下他的名字以及其他细节。随后，你可以通过电子邮件发送岗位信息给他们。你还可以请他们分发信息或直接发送给那些他们认为会感兴趣或适合该工作的人。当然，试图吸引在别处（快乐地）工作的人听起来有些不地道。毕竟，那个人的导师也是你的同行，但也许他们自己也正在寻找新的位置呢。

■ **作者、获奖者和基金获得者**。分析作者名单及他们在本领域高影响力论文中所做的贡献。作为文章共同作者的硕士生可能会成为你的下一个博士研究生候选人；一名发表了论文的博士生可能会成为你的博士后。如果你听说某些人以优异的成绩毕业或因实习、论文、海报、演讲受到奖励，请将他们加入你的名单。或者你担任评审团或奖项提名委员会成员时，就有机会了解一些优秀的候选人。或者你可能看到新闻报道，一些人被遴选为享有声望的年轻社团成员，将这些人加入你的名单。在他们寻找新职位的时候，你需要做好准备。

■ **代言人**。现在或过去的团队成员也可以从他们工作或学习过的地方帮助吸引一些优秀的博士研究生候选人或博士后。他们可以成为你最好的代言人，告诉其他人与你一起工作很棒。如果你的校友现在在其他领域领导自己的团队，当他们寻求新职位（候选人）时将会给你的团队吸引更多候选人。与校友保持联系非常有用。

■ **招聘会**。你所在的大学可能会派代表去参加招聘会，为你和你的同伴面试候选人。这些候选人可能正处于他们合同期的最后 1 年，正在认真寻找下一个工作机会。招聘会前，你可以从招聘会数据库中预先筛选简历，选择一个或多个候选人在招聘会上接受面试。你可以为那些通过面试的候选人计划进一步行动。比如，你可以直接给他们发送一封电子邮件，告诉他们你可能在几个月后有一个职位空缺（或者直接发布，如果招聘会与你在同一时间档招聘）。

作为中长期策略，你应该结识一些候选人并构建个人关系。他们会因被你关注而感到惊喜甚至受宠若惊，可能会认真考虑与你一同工作，而不是与他们并不太熟悉的人。与候选人直接接触将使你领先于竞争对手。

■ **学生会议**。帮助学生或博士后协会组织相应级别的国际会议，在卫星会上提供专题、研讨或指导讲座。你将了解人才库，他们也会了解你（并了解未来你所在团队的工作机会）。

■ **暑期学校**。与同事组织 1 年 1 次的暑期学校。邀请知名讲者开设讲座，开放硕士生、博士生和 / 或博士后申请。或许你还可以提供一些差旅费和住宿费的支持。

■ **研究助理计划**。每年尽量为 1 名或更多的本地硕士生提供几个月的带薪（兼职）研究助理工作。这是一份工作，所以他们不会获得学分，但是他们能得到薪水（虽然可能很少）以支付学习和生活费用。这份工作对他们的科研职业生涯的帮助远远超过在酒吧打工。这部分钱可能来自你自己的补助金。如果你足够幸运的话，你的研究机构可能有这部分的预算。邀请本地学生申请，执行甄选程序招募到最优秀的人选。这对学生们做好未来职业申请、反思自己是否适合学术生涯是非常宝贵的经验，也会为你寻找最佳人选提供演练机会。

■ **国际培训网络**。与国际同事一同设计硕士生培训计划、寻找赞助，如欧盟的 Erasmus 项目。全世界的硕士生都想申请名校。被选中的学生在一个导师手下待上 6 个月，然后再转到其他导师处。作为导师和讲师，你可以充分评估哪些学生最适合你的空缺职位。

■ **短期津贴**。为候选名单中被你看好的外部候选人提供津贴，让他们在团队中停留几天甚至 2 周时间。一些机构或协会可提供预算用于合作伙伴的互访。这对候选人的履历很有帮助，而且可以测试出你们彼此吸引的程度。此外，你的团队成员还可以告诉你，他们与候选人相处得如何。团队如何发出短期停留邀请的示例见框 1.1。

框 1.1 3 日访问邀请函

亲爱的先生 / 女士（姓名，例如：Johnson），

感谢您 4 月 15 日通过 Skype 接受博士 / 博士后职位的面试。

我很高兴能邀请您及其他几位候选人，于 5 月 10 ~ 12 日进行校园访问。请安排您的日程，空出以上时间。我想邀请您参加 5 月 10 日下午 3 点的研讨会。您将提前 1 周收到研讨会需要准备的详细资料。更多计划细节将择日公布，您的访问将于 5 月 12 日下午 2 点结束。

实地考察后，我们将基于学术技能（例如，使用数字工具的潜力和分析数据的能力）和社会技能（例如，在国际和跨学科团队中工作的能力）做出最后的选择。

我们将为您提供差旅津贴，包括您的交通费用（经济舱）和住宿费用。您确定日期后我们将为您预订酒店。

感谢您对这个职位的兴趣。如您能尽快确认行程，我们将不胜感谢，最迟请于 4 月 25 日前回复。期待您的回复，希望能很快见到您！

祝好

（你的名字及学位，例如：Maria Dunn，理学博士）

选择博士生还是博士后

你可能已经列出了一份长长的候选人名单，其中一些人仍然是硕士生或博士生，另一些可能已经成为博士后。如果你能从这份名单中招募一个或几个人加入到你的团队中那就太棒了。但是，在从物色到做出最终选择的过程中，请务必注意招募博士生还是博士后各自的优劣之处。

■ **理想的团队构架**。培养博士生是任何大学研究人员的重要任务，你需要对团队中的博士生进行指导。你有太多想法需要跟进，如有 1 ~ 2 名博士生与你一同工作，就能让你的研究能力成倍增长。他们会在你身边待上 3 ~ 4 年，所以花大量时间培训和指导他们是值得的，但是你会发现你的指导能力是有限的；如果你的团队需要发展壮大，那么你作为领导者的角色也需要不断升级。某种程度上来说，与博士后共同指导博士生是可以

的。如果有其他人能帮你监督日常工作，维持日常运行，你就可以抽身去长途旅行或度个假。将培训职责延伸的另一个好处是，博士后可以帮你培训初级成员，从而改善初级/高级团队成员的比例。为学生授课是另一项你可以和博士后共同完成的重要工作。共同指导博士生的经历、教学经验的增加都会丰富博士后的简历，但是你需要明确将这部分额外的职责（和成功）归功于他们。当然，博士后的成功更多需要通过其独立进行科学研究的能力来证明，所以他们需要把更多的精力放在自己的研究设计上而不是你的项目中。

■ **对技能的比较**。博士生可以以研究生的身份在你的团队中开始工作，但在整个项目的过程中应该培养出科学独立性。这句话中的“应该”一词强调了风险：即不是所有博士研究生都能快速提升他们的知识和技能，这一问题对于跨学科项目中的单学科背景学生尤其突出。有些人需要比预期更长的时间接受指导。但是如果你能有时间训练和帮助他们，博士生可以非常灵活变通。相比之下，如果在招聘过程中严格甄选博士后，在开始时，他们的科学独立性就非常好，可以更快产出结果。例如，增加优秀论文发表的数量，在团队讨论中引入关键性的建设性观点或者帮助管理本科生和研究生。但是，有些项目从开始就需要产出成果，那就没有时间让博士生完成 2 年的成长期。对于综合任务、交付成果和时间线有要求的项目，需要背景适宜的博士后工作。同一个项目中，有些其他任务可能更适合博士生候选人，因此，如果你有充足的资金，可以同时选择这两种人选。

■ **对承诺的比较**。博士生将会待到研究项目结束，完成他们的论文——无论在学术界还是其他地方，这都是他们职业生涯的入场券，因此，他们无法承受失败。相反，博士后的职位通常是短期的，是学术工作（例如：讲师或助理教授）或其他职业（行业研究组负责人）等更长期工作的踏板。博士后需要积极主动地寻找下一份工作，并会要求你提供推荐信。你必须帮助你的博士后谋出路，即便这意味着他们与你的合同将先于项目结束。另一方面，雇用一名博士后意味着你也要承担他们既往遗留的工作。通常他们需要时间去完成之前的工作，将之前的工作撰文发表这些都需要时间，审稿人会要求他们完成额外的实验。在此期间博士后无法保证当前项目的时间投入；或者，为了能完成工作，他们需要在晚上或周末加班，以至于没有时间放松调节。

一位年轻的团队领导的轶事

一次虚拟握手

我的推特有300个关注者，但其中很多我从来没有见过面也不认识。我在推特上发布职位空缺，希望有感兴趣的关注者申请。尽管有时候这会有些作用，但我想也许可以尝试一种更有效的策略。好奇吗？继续读下去。我追踪了大约100个有影响力的科学家、学术团体和组织、出版商及资助机构。它显示了我的兴趣所在，实际上我也在找有相似兴趣的人。我决定使用互联网爬虫软件从这些网站收集信息，于是我下载了这300个关注者的信息。然后通过数据处理，我得到了一份名单，列出了那些关注对象与我有良好重叠的人。进一步分析，我得到了10个最优秀的候选人名单。我给他们每个人都发了私信，解释我是怎么找到他们的以及我的工作空缺信息。我绝对是第一个联系他们的招聘者，我的搜索策略也给他们留下了深刻的印象。我的结论是目前为止这个策略非常有效。现在我得看看在未来几个月他们目前的工作结束后，我是否真的能雇用到他们中的一个。

试一试

■ 采访 5 ~ 10 名有经验的研究者，了解他们的物色策略：什么有效（什么无效）？为什么？讨论图 1.1 中的选项。

■ 向你的人力资源部招聘办公室寻求建议，并讨论图 1.1 中的选项。你的大学是否已用招聘软件（例如：Linkedin 和 Google AdWords）来搜索合适的候选人和发布招聘广告？他们是否参加招聘会并获得参与者数据库？

■ 列出 5 个关键词，在物色工具中使用：

关键词
1
2
3
4
5

■ 使用关键词来挖掘社交网络，例如：ResearchGate 或 Linkedin 或求职者招聘数据库。

■ 列出至少 5 个在推特或脸书等社交媒体上有影响力的人和社群。当你寻找候选人的时候提醒他们，并希望获得点赞、转发或更多：

有影响力的人或社群	社交媒体
1	
2	
3	
4	
5	

■ 列出至少 5 个重要的学生会议或其他学术会议、社团会议、学术网络会议，看看你所在的机构是否有人参加并能发布你的招聘广告：

会议	人选
1	
2	
3	
4	
5	

■ 通过以下方式寻找至少 3 名你不认识的顶尖候选人：①重要科学杂志作者署名；②主要和次要相关奖项的获奖者；③主要和次要相关基金的受资助者。

论文，基金，奖项	作者，受资助者，获奖者名单
1	
2	
3	
4	
5	

■ 你所在单位是否提供暑期学校（或冬季学校），以及它如何能够帮助你组织上述活动？你想与谁共同组织上述活动？你想邀请谁进行演讲？如何刊登广告？

■ 动用你的一小部分预算，为有才华的硕士生提供在你的团队中以研究助理的身份开展工作的机会。要求学生进行正式申请。

■ 在你的网站上，为短期工作提供津贴。你可能会多吸引一些候选人，也可能引发大量的申请；看看是否有合适的候选人吧。阅读框 1.1 中的邀请：在候选人到访之前可以要求他们完成哪些任务，可以为他们的到访组织哪些活动？哪些机构资助本行业专业用于博士或博士后的网络培训？你可以加入这类网络吗？还是可以与一些强大的合作伙伴一起提出培训网络拨款申请？

1.3

甄 选

甄选，就是为你的团队在合适的岗位上找到合适的人选。谨记，甄选候选人是一项非常严肃的事情。黄金法则是：如果对候选人存在严重疑问，请不要雇用他。否则，你的团队将永远无法成为高效的团队。不匹配的影响是巨大的：对于候选人而言他的职业发展受到影响；对于团队而言，资金和时间安排可能不允许再找一个人重新开始；对于你和你的事业而言，你需要展示“在年轻研究人员的培训和职业提升中发挥领导作用”。传统的面对面或通过 Skype 进行的长时间面试可能会有助于拒绝你从未见过或从未与之交谈过的候选人，但对于做出重大决定来说则未必可靠。尽管你可能会觉得需要尽快启动该项目、候选人可能会给你留下深刻印象，但气氛融洽的 1 小时会谈仍然可能会导致令人沮丧的 1 年甚至多年的“科学婚姻”。

我们都倾向于根据候选人过去的学术业绩和我们对其未来前景的预测来评估候选人（图 1.2）。你可能需要每天与这个人一起工作，所以不要忘记评估他们是否适合整个团队。硬件和软件选择标准可以根据你的研究领域、你的项目以及你当前的团队组成进行定制，并可以根据职位级别（博士或博士后）进行调整。此外，还有许多领域和项目通用的评估标准（同样可以根据职位进行调整）。

图 1.2 从不同的角度评估候选人

注：过去的表现（黑色）、未来的观点（灰色）以及他们在团队中的适应程度（浅灰色）。

■ **科学成就**。你的应聘者已经在其论文项目或博士后工作中体验了什么是研究。询问他们最让他们感到骄傲的事情。他们能否用 100 个单词概括他们 2 ~ 3 个主要的学术贡献（相对于其指导者或共同作者的贡献）。在询问他们时，不要将重点放在他们所做的工作上，而应放在他们创造、发现、发明、开发或成就的内容上。同样询问他们的失败、失望和挫败感，以及他们如何应对这些失败。他们是否具有独立性？是否具有创造力？是否具备坚持不懈的品质？

■ **论文、演讲等**。候选人拥有独立性和创造力很棒，但还不够。只有当候选人能够很好地进行口头和书面表达时，他们的同行和社群才能从他们的工作中获益。请候选人展示其学位论文报告，以及这些报告是否产生或将产生期刊论文。他们还撰写、投稿和 / 或出版了什么？他们亲自撰写了多少内容？他们的独立性如何？他们如何看待写作过程，包括根据审稿人的评论进行修改？让他们当场写一个简短的文章作为现场检查。他们是否曾经有过为期刊编辑审阅稿件的经验（也许是他们的上级交给他们的稿件）？你是否看过或听过他们在学术会议上展示壁报或论文？壁报或论文是否令人信服和令人振奋？他们与观众的互动是否生动？让他们向你的团队做介绍，并让他们与团队和个人讨论他们的工作以及你的团队的工作。

真正重要的是工作质量，而不是论文数量。在学术层次上进行有效沟通，这一点他们能做到吗？他们渴望做到吗？

■ **其他学术活动**。他们指导过学生吗？教过他们任何课程吗？他们是否曾经帮助组织或协调过期刊俱乐部、学生会议、线上会或正式会议之类的活动？是否曾经担任过学生期刊的编辑？他们是否是学生会的成员或者教职委员会的学生成员？他们仅在本地参与工作，还是在全国甚至在国际上参与工作？他们如何描述自己的学术圈子？他们认识谁，去过哪里，为什么去那里？尝试找出他们是否具有可能对你的团队有用的潜在才能，通过一些额外的投资，可以为他们的下一个职业做好准备。例如，他们是否喜欢通过以下方式分享研究结果：新闻稿、媒体文章（或博客）、访谈、通过向本地或国家级报纸的编辑致信来扩大报纸的报道范围？他们是否愿意协助学术界的良好运作？

■ **认可和声誉**。他们学生时期的考试，尤其是论文，是否获得了优异的成绩？他们的论文受到好评吗？论文有没有获奖？他们是否曾经获得过壁报奖或最佳报告奖，或者获得参加会议的旅行津贴、个人基金或研究资助？他们的工作是否被学术界或社会团体迅速接受，即下载、发推、突出显示、引用？他们是否被邀请在研讨会或学术会议上进行口头报告？他们可以为你提供其主管的姓名和推荐信吗？你能给主管打电话讨论他们对候选人科学能力的认可吗？这是高潜力的候选人吗？主管如果在你的位置，是否会毫无保留地雇用该候选人？该候选人是否具有良好的声誉？

■ **可培训性**。过去的良好表现并不能保证候选人将来会成功。为了能够成功地为你的项目做出贡献，他们需要具有以下品质：渴望新知识和新想法；在为自己思考的同时迅速适应；渴望学习该项目所需的软硬技能。在你的研究团队中短暂停留可以帮助你评估其可培训性。他们是否可以熟悉项目的主题，可以将其与他们以前的经验联系起来，或者他们是否已经为项目的进展提出了新的建议？他们是否会为可交付的成果做出贡献，并同时进行协商以使其成为自己的项目，从而可能交付超出你最初预期的成果？该候选人是否具有可培训性？是否拥有自我培训的能力？

■ **工作动机**。以诸如“告诉我你是如何准备这次面试的？”的开放性问题开始，这样面试将会获得很多信息。候选人是否做了功课？是否研究了你研究团队的网站，查询了有关你研究方向的信息，或者阅读了你最近发表的文章？候选人为什么想要做这个研究项目？为什么想要跟你和/或你的团队做研究？（候选人）是否有一个经过深思熟虑的职业规划还是仅凭已有的招聘广告？候选人有没有拒绝过工作邀请？为什么？候选人是否为职位申请和面试/会谈做好了充分的准备？

■ **工作预期**。就内容、工作和职业而言，候选人的期望符合你的期望吗？与他们讨论工作计划、潜在风险和机遇以及他们如何从第一天开始。他们希望与主管和团队成员进行什么样的互动？他们是否需要特殊的工作条件（例如，由于育儿等原因，他们可能需要安静的房间而不是共用的房间以及弹性工作时间等）。（双方）所有的期望是否相互明确，并且匹配良好？

■ **未来愿景**。候选人真正热衷于什么这一点非常重要：他认为在学术生涯中最激动人心的挑战是什么？是什么使候选人选择走上学术道路？候选人是否对自己在学术界内部的未来研究方向（讨论大学教授数量有限）或学术界以外的未来职业道路（大学为社会培养下一代劳动力）有明确的梦想甚至任何具体想法？候选人能否解释在你的团队中获得博士学位或博士后职位将如何助力他未来的职业目标？候选人想增强哪些核心技能或综合技能？候选人是否对他想学什么以及未来想去哪里有计划，并且对如何实现这一目标有切实可行的计划？

■ **资助潜力**。你的博士或博士后候选人是否有抱负和想法，并希望在项目进行期间增加一些额外的资金，或者申请基金来支付会议费用，或者为自己的一个小型项目提供资金？如果候选人不愿意讨论这类问题，你就应该停下来，并认真考虑该候选人是否适合。你可以向候选人介绍可获得基金的情况（这是适合你的基金吗？），帮助候选人自己进行基准测试（你准备好获得这项资助了吗？），并帮助候选人制定计划进行准备（你或我们如何能够在 2 ~ 3 年内做好更充分的准备？），见表 1.1。也许你应该考虑让候选人起草个人资助计划作为遴选程序的标准组成部分。候选人愿意起草并讨论个人资助计划吗？

表 1.1 个人资助计划

基金类型 “此类基金是否适合你？”	
旅行资助	参加重要的会议或拜访著名科学家以学习最新进展
个人研究资助	你对项目有一个很棒的想法吗？
合作研究资助	加入振奋人心的合作
培训资助	你想在哪里学什么？
其他类型	发挥想象力
（国家级、国际性、单学科或跨学科、基础或应用、公共或私人经费、任何其他……）	
对候选人进行基准测试 “你是否为该基金做好了准备？”	
个人简历	几乎与其他申请者一样强？
研究方向	撰写白皮书
研究影响	制作视频或博客或与记者联系
社区角色	组织一场讨论会
国家 / 国际网络	与领域内的重要人物进行联系
奖项、会员	寻找机会，建议提名人
（做好准备，将你自己与其他获得基金的人进行比较）	

续表

行动计划 “你将如何在 2～3 年内做好更充分的准备？”		
行动 1	行动 2	行动 3
（制定 iSMART 行动计划：鼓舞人心的、具体、可量化、可接受、现实的、及时的）		

注：讨论的项目（左栏）和你可以问候选人的问题（右栏）。见本书作者的另一本书《申请科研基金》（剑桥大学出版社，2013 年）。

■ **适合团队**。你将与团队成员长时间一起工作。你们会相处得很好吗？与候选人一起喝酒、共进午餐或晚餐，以更多地了解他们的个性：你需要见到他们放松且没有压力或被过度夸奖时的状态。让你的团队成员与候选人见面，以了解他们的相处方式，并聆听你不在场时候选人的表现。然后与团队讨论他们和你对候选人是否适合团队的看法。人与人可以有很大的不同，这实际上可以是一种宝贵的财富：他们可以补充（甚至增强）小组中已经存在的软硬技能和专业知识水平（稍后会详细介绍）。他们是否是团队合作者？是否是现有团队的良好补充？

申请人可能在应聘申请中声称或在面试时告诉你他们具有创造力、独立性和抗压能力，是一个很好的团队合作者，能够迅速写出精彩的论文。无论这些是真是假，还是部分真实，从简历或自我陈述或“是的，当然，我很有创造力”的回答中都很难判断。STARR（Situation，Tasks，Actions，Results，Reflection）方法的 5 个步骤（图 1.3）可以帮助你更客观地了解申请人（并选择真正的出类拔萃者）。

■ **情景**。让候选人描绘一个需要特定个人或专业技能（如，解决冲突、批判性思维、毅力、解决问题、时间管理）的情景。其他还有哪些参与人员，例如 1 个或多个团队成员或外部人员？

■ **任务**。询问候选人他们过去的任务是什么，与团队的任务是如何匹配的，上级以及他们自己对成功标准的定义是什么。

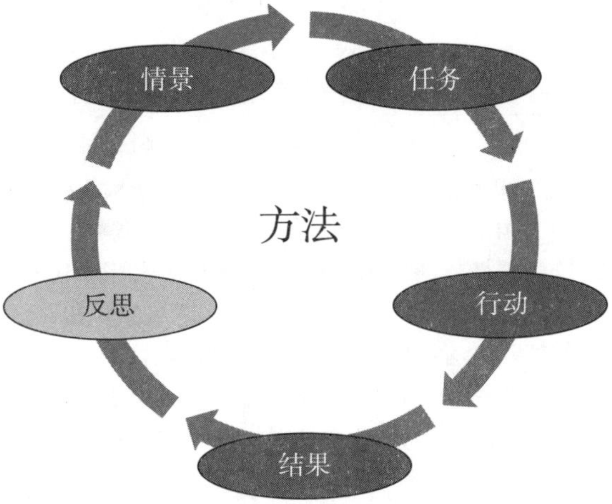

图 1.3 STARR 方法中的 5 个步骤

■ **行动**。这里候选人将被要求描述他们实际做了些什么：为什么行动，如何行动（独立或相互合作地行动），以及需要哪些其他技能。

■ **结果**。行动是否成功？候选人可以描述结果是否符合预期、有缺陷或超出所有预期，并说明他们的行为会如何影响团队的结果、阻碍他们或者帮助团队达到更高的目标。

■ **反思**。可能在 STARR 方法中最重要的问题是：哪些是对的，哪些是错的，哪些是你不确定的，下一次如果你在相似的情况下会有哪些改进措施及措施依据。问题将持续存在，直到申请人从中吸取教训。在这里，候选人需要展示自己诚实反思、学习和提高的能力。

在面试开始前，与面试委员会成员就甄选标准以及评估标准（例如，STARR 面试、候选人的家庭作业等）应达成一致意见。

甄选过程中的陷阱

作为研究领导者，你显然希望从尽可能多的候选人中进行甄选。但不幸的是，学术界出现了大量人才流失（框 1.2）。

框 1.2 我们正在失去有才能的女性和男性

> 在许多国家中，学生群体中的年轻男性和女性人数相等，而博士研究生的比例则略有失衡（例如，男性 56%，女性 44%），并且学术职位越往高处，越明显倾向于男性（例如，2018 年在荷兰，正式教授 80% 为男性，20% 为女性；大学董事会成员中 72% 为男性，28% 为女性）。如果大学招聘 100 名最有才华的教授，那么应该是 50 名男性和 50 名女性，而不是 80 名男性和 20 名女性。因此，当 30 名男性成为教授时，应该再招聘 30 名有才能的女性。更糟糕的是，也许前 50 名女性中的一些人决定不去学术界工作，而前 50 名男性中的一些人也这样决定，不是因为他们对研究没有热情，而是因为他们觉得自己无法适应当今大学所秉持的文化和职业体系。

学术界传统的选拔标准需要重新审视。例如，用以下标准甄选候选人：

■ **遵循标准学术成长过程**。你可能会寻找那些遵循标准学术成长过程的候选人：硕士、博士、博士后等。但是，有过其他职业或职业中断的更年长一些的候选人也可以成为博士和博士后职位的最佳候选人。一些人可能会带来他们自己的资助、一个论文计划，甚至是一个根植于他们目前工作经验的“缩微”论文。拥有“外部”专业知识和经验的局外人可以给学术界，特别是你的研究团队带来重大的推动作用。什么会让资深候选人在你团队的研究中表现出色？

■ **论文发表数量**。有些人能够并且愿意每周工作 60 ~ 70 小时；另一些人不能够或者不愿意这样做。那些每周工作时间更长的人可能也会发表更多文章，但他们不一定是最聪敏或者最有创造力的研究者。例如，一位候选人在一个较为保守的项目上工作了 4 年并发表了 8 篇普通论文。另一位候选人在一项风险较高的项目上工作了 4 年并发表了 2 篇引人注目的论文。你会选择谁？要求候选人提供 2 ~ 3 篇最近的优秀论文（或其他成果），评价其（潜在）科学和社会影响力。

■ **学术交流的活跃度**。休产假或陪产假并承担家庭责任的父母在国家级，特别是国际级的交流中必然不那么活跃；例如，对于受邀发言及参加会议，他们的积极性更低。上述情况同样适用于残障人士。当会议组织者采用当今的数字网络技术时，他们和其他许多人都可以参加。这节省了旅行时间，也节省了在酒店和旅行上的资金，并且更为环保。在面试时可以讨论如何寻求帮助（或如何加强帮助）使他们可以去参加一些重要的学术活动，让他们也有机会多展示他们自己的研究工作。学术圈应更多利用现代虚拟技术。

让选拔小组在甄选新成员的时候采用同样的方式思考。你们应当一同对甄选标准进行审查，以排除可能存在的偏倚。然后，你们应当在甄选过程中始终使用同样的标准：从（招聘）广告到最后与最佳候选人的交流。

遗憾的是，审核并调整选择标准是不够的：机会均等标准很好，但如果对某些才华横溢的候选人不适用，则该标准仍然无效。例如，女性由于多种原因（例如，文化、家庭），会更少申请较高等级的职位。因此，你需要特别积极地鼓励女性申请（请审查招聘广告是否存在性别偏见：见“试一试”）。对于性别而言的问题，同样（或有时更多）适用于不同种族和文化的人们、残障人士和少数族裔等。

改善招聘程序可能还不够：候选人可能会（比漂亮话和承诺）看得更远，他们会通过与现任或既往团队成员交谈，来验证你是否能说到做到。例如，除非你的团队文化对希望成立家庭的年轻研究人员、需要照顾残疾儿童或年迈父母的团队成员，或者那些希望将工作与工作以外的其他活动结合起来的人是热情且能够提供帮助的，否则你将失去很多聪明的头脑。

你可能会不知不觉地选择和雇用与你相似的新人：这是一种公认的“更多的我”的选择机制。但是，你应该考虑自己的个性以及哪种类型的候选人能够成为你已有团队的补充成员。“五种人格特质”描述了最重要的因素：

- 外向 / 内向
- 协作 / 竞争
- 有条理 / 随和
- 敏感 / 自信
- 好奇 / 谨慎

如果你是一个外向的人，你可能会相信内向的人缺乏主动性，社交能力不足，过于谦虚、谨慎和优柔寡断。同样，如果你是一个内向的人，你可能会觉得外向的人会具有攻击性、有野心和不谦逊。但是性格内向的人实际上可能会先满足讨论伙伴的需求。外向的人实际上可能会习惯于思考与讲话同步，并希望他们的讨论伙伴能达到这种水平。在学术界，性格外向的人似乎已成为大多数，这可能会使内向但有才华的人失去竞争资格。其他 5 个主要人格特质也存在类似的偏倚。

如果不考虑人格和其他方面的多样性，我们的思考和表现方式其实十分相似。与你人格特质明显不同的人可能没有得到平等被录用的机会，而他们不同的价值观、新的想法和替代方法，却可能会为你的研究提供新的启示（请参阅以下轶事）。

“当科学具有包容性时，每个人都会成为赢家。”[1]

聚集并真正包容那些与你的项目相关但具有不同能力和知识技能的成员（图 1.4）。

1 Lee 2014

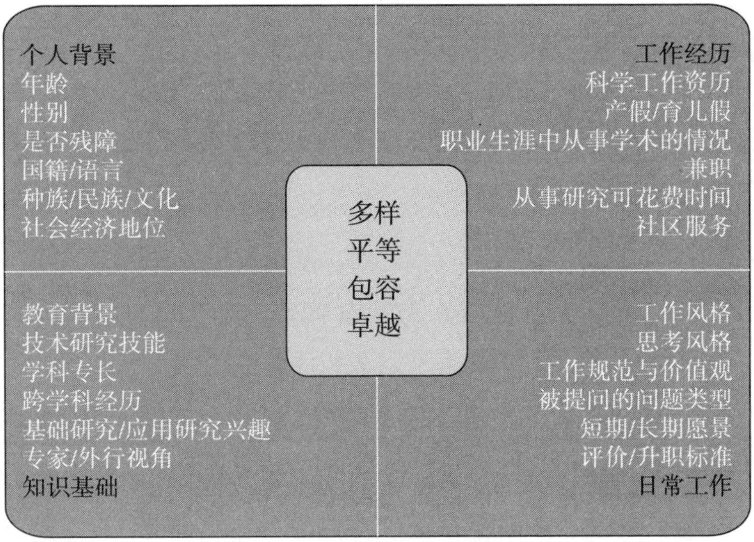

图 1.4 多样、平等和包容支撑卓越

一位性别平等冠军的轶事

真丢人!

一位教授给我发电子邮件询问："我可以来你的团队里进行短期交流访问吗？"最初我不是很热衷。他来自一个我认为不发达的国家；我担心他只会扼杀我的想法而贡献很少。我认为我们的研究主题没有特别匹配。好的，也许，我觉得他的要求相当牵强，但是我的好奇心赢了，他在我的团队中待了 3 个月。我们聊了很多，交换了意见。事实证明，这是一段收获满满且愉快的时光。对于"我的"研究问题，他提供了完全不同的见解和看法，并且这种愉悦是相互的。我们在一起写了一篇关于本领域发展方向的论文，该论文很快就被接受并发表在知名度很高的期刊上。真丢人，作为一个始终警惕男同事性别歧视的女性，我却没有注意到自己的偏见是如何影响并愚弄了我自己。

试一试

为选择做准备

■ 列出评估候选人的具体标准。对标准进行重要性排名。

■ 为最重要的评估标准准备 STARR 问题（图 1.3）。

■ 与面试小组成员就最终标准列表和评价方法达成一致。

■ 决定面试过程中的角色：谁是主席，谁是记录员，谁关注多样性、平等和包容性？

性别

有些行为（和词语）是刻板地男性化的，而另一些则是女性化的。

■ 将下表中的特征标记为更男性化、更女性化或无区别。请解释你的选择。

短期成功	合作	升职
分享知识	聆听	获胜
站在聚光灯下	愿意承担风险	后台支持
可持续关系	有远见的	过程导向
等级状态	同情	任务导向

■ 检查你自己的招聘广告，看看哪些词语存在男性化或女性化的情况。讨论这些词语是否会阻碍女性申请或者鼓励男性申请；换句话说，你的广告是否合适？

■ 用“针对招聘广告的性别解码”对你的广告文本小程序（例如：http://gender-decoder.katmatfield.com/about#masculine）、进行检测。

日常工作

你最顶尖的候选人碰巧有特殊需求，但你是否可以：

■ 为使用轮椅的身体残障人士安排合适的工作空间？

■ 为噪声敏感人士设置一个安静的工作室？

■ 为视力障碍者提供专门的计算机设备？

■ 为哺乳期女性安排房间？

测试隐形偏见

■ 在网页 https://implicit.harvard.edu/implicit/selectatouchtest.html 上完成一项隐性偏见测试（例如，与年龄、性别、科学、职业等相关的测试）。让你的选拔委员会成员和你当前的团队成员也进行测试，并一起讨论经验。

1.4 准 备

底漆是油漆作业时的底面涂层，以确保新漆能够较好地附着上去。你的团队新成员同样需要做好类似的准备，以成为高效的团队成员。在新成员入职第一天，你将向团队成员介绍新成员，告诉新成员坐在哪里，如何登录计算机网络，可以从哪些行政人员那里得到帮助等。这一切都是为了让新成员能够平稳过渡到新工作中。为新成员做好研究任务的准备更重要。从第一天开始，你应当让其对“研究实践的行为准则”的意识有所提高。没有这种“底漆”（行为准则），“油漆作业”（研究结果）可能会在一段时间内看起来不错，但不会持久。为了使你的研究项目和团队真正成功，首先应帮助你的团队成员自我学习，并促使你进行自我反思。优化你的研究中最重要的资源——人。

人类创造科学，但他们可能会犯错误，会是无知 / 无经验、短视或犹豫 / 被动的；冒险的或保守的；循规蹈矩的或独辟蹊径的；具有错误的观念或局限的偏见。科学工作者还面临激烈的工作竞争、升职或淘汰的压力以及来自同行的压力。同行可能产出了优秀的短期成果（这些成果可能是在《自然》或《科学》上发表的，且具有很高知名度），或者被炒作得热度很高。个人利益的增加会使人们固执己见、充满偏见、强势和自大。他们会有强烈的自我中心倾向，持有隐藏的意图，变得自私、固执甚至有自恋癖和操纵欲。有不健康抱负或不健康行为的完美主义者和思想家、功成名就者和管理者可能对科学研究非常有害（表 1.2）。

表 1.2 4 个人格特征及其如何从健康行为转变为不健康行为的示例

状态	完美主义者	思考者	成功者	管理者
健康状态	客观的	有远见的	目标导向	服务团队
过渡状态	过于死板	对手	自尊导向	自满、领土意识
不健康状态	纠结细节	孤立的	孤芳自赏、编造虚假故事	高估自我、统治的

来源：改编自 Riso and Hudson 2017。

让你的团队成员意识到在通往卓越的道路上有许多陷阱，并且让他们远离卓越幻象（图 1.5，左栏）。令人惊讶的是，在诸如医学和心理学等领域发表的研究论著中有 60% 无法复制[1]。你在具有高影响力的期刊上发表的“具有里程碑意义的论文”数量之多令人难以置信，导致了这种“知识幻象”和“卓越幻象”。如果你所在领域内所有已发表的研究中有 60% 无法复制怎么办？如果你不批判地阅读，盲目信任文献内容并基于这种知识体系进行研究，那么你的结果更有可能是假的或不是真实的。如果你不具有批判性，那么你也可能会忽略不利于你的“故事”的已知或未知的隐藏事实或因素（即使这些事实已经被复制），从而使你的发现完全不同（请参见本节末尾的轶事）。

作为一名团队领导者，你的责任是创建一个环境让团队成员追求真正

1 特刊，《自然》（2015）；“扩展阅读”中提供其他文章、评论、博客和指南。

卓越，这也符合你的个人利益（图 1.5，右栏）。你需要让新的团队成员有所准备，并随着项目的发展对自己和团队进行严格监控。本章节的最后部分提供了一些选项，供你选择如何将该主题牢牢地放在团队的议程中。

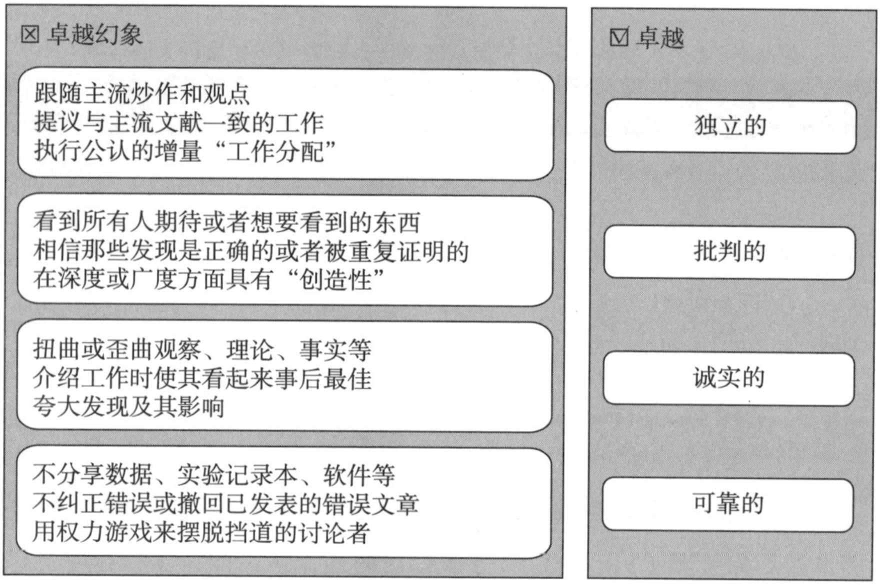

图 1.5　卓越

注：科学需要卓越（右栏），而不是成功科学家的幻象（左栏）。

成为独立而批判的人

对于初级人员而言，成为一名独立而具有批判能力的研究人员或许并不容易。这些人已经上了多年课，读了很多教科书，完成了数以百计精心设置的作业，通过了考试，并与向他们布置明确任务的经验丰富的研究人员完成了论文项目。他们为什么要怀疑他们所学的内容、所读的教科书或这些知识渊博的讲师和研究人员所讲授的知识呢？然而，这就是他们需要做的——与迄今为止他们可能已经接受的训练相反，与图 1.5 左栏中所概述的相反。批判性思维和独立性思维首先是改变自己思维方式的能力。以下3个简单示例可以帮助你与团队成员展开讨论：

■ **在笔不离开纸面的情况下将纸上的点用4根直线连接（图1.6a）**。这是一个著名的谜题，一些人可能已经知道解题方法，而另一些人需要几分钟来解题。一些有趣的事发生了：知道解题方法的人经常将注意力转移到其他事情上，例如与邻居聊天或查看手机。其他人完成任务后也停止了思考。这是教育中的普遍做法：按要求做，然后就可以为考试做准备。通常，一些人会超越任务。有些人通过折叠纸张或使用剪刀和复写纸等设备来探索方法。偶尔，有人可能会提示下一个问题：我们能否将点连接成三根、二根甚至只有一根直线？他们发挥了主观能动性（而不是被讲师和直接任务引导），并且超出了你的期望（而不是对最初的解决方案感到满意）。正是这种独立地、自由地和创造性地“进一步探索宇宙”的能力将为研究开辟新的天地。他们不会在思维定式里思考，也不会在思维定式外面思考：对他们来说，没有思维定式。帮助团队成员了解研究工作不再是完成任务。

■ **剥香蕉（图1.6b）**。许多人从柄处剥开一根香蕉。他们一直这样做，从未质疑过它。少数人会在另一端剥开它，并认为通常在此处打开它比从柄处剥更简单。他们说，这是黑猩猩和其他猿类所使用的方法。观众中的这种二分法令人震惊。大多数人都遵循主流方法，而从未对此提出疑问。有些发现自己的方法不是最佳方法的人则解释说，他们受过去的影响太重：改变习惯和其他行为并不是那么直截了当的，即使你希望这样做也是如此。是否要从柄处剥开香蕉可能是一个与西方人有关的问题，他们在香蕉未成熟时就吃掉。来自其他文化的人们可能会吃非常成熟的香蕉，因此无论哪种方式剥开香蕉都很简单。在哪里剥开香蕉的问题与他们完全无关。如果我们改变价值观、规范或习惯，我们提出的研究问题也可能是无关紧要的。帮助你的团队成员理解这一关，他们不应将他人的研究问题和方法视为理所当然。

■ **数窗户（图 1.6c）**。显示这张照片时，本科生、博士研究生和博士后通常数出 5 ~ 9 个窗户。有时，聪明的人会看到每个窗户都由 4 个较小的窗格组成，因此，答案在 20 ~ 36 之间。尽管存在关于分别计算窗格或小窗的争议，但通常人们会就窗户数目很多达成一致。我们在研究中使用很多计数和测量，令人惊讶的是，即使在这种简单情况下，答案也会如此不同。但是，没有人考虑到窗户可能是假的。它们是假的，这有充分的理由！这座房屋建于法国，房主必须按照房屋中门窗的数量缴税（1797—1926 年“门窗税”）。画上去的窗户看起来像真正的窗户，可以让你看起来很有钱，但不用缴纳额外的税费。这种“你看到了你期望看到的东西”是房主采用的机制，并且很可能在科学上也大规模地存在。很多人都相信自己都看到了相同的事物。尽管这是不正确的，但这却成为“真相”或知识状态。他们都接受了这个故事，而没有进一步质疑或寻找隐藏的因素。应

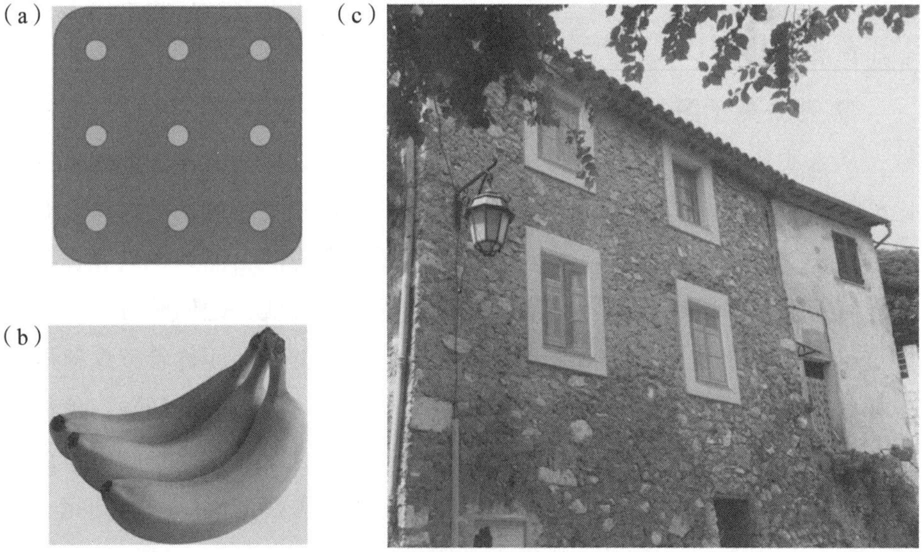

图 1.6　3 个简单的任务可以帮助你与团队成员展开关于卓越的讨论或幻想

注：（a）是否可以仅用 4 条直线连接所有点，而无需将笔从纸上抬起？（b）你怎么剥香蕉皮？（c）你数出多少个窗户？摄影：A.K.M. Disler。

告诫你的团队成员：需要对发表的结果和结论持批评态度。

这 3 个任务可以帮助你的团队成员“感觉”到批判性思维和独立思考的必要性。开发和使用哲学博士学位（PhD）的“哲学”非常重要[1]。

作为讨论的下一步，让你的团队新成员意识到独立和批判实际上可能会威胁到他们的职业生涯，这一点也很重要：如果你的观点与主流背道而驰，则可能很难使你的工作成果得以发表。因此，你还需要教会你的团队成员，让他们把自己摆在最挑剔或最具威胁的同行的位置上。为什么这些同行如此挑剔？他们的兴趣是什么？你该如何避免挑剔的审稿人拒绝你的文章或基金申请？要考虑的步骤包括：

- 确定学界主流与你和你的团队成员提出的建议之间可能存在的差异。
- 承认差异，不要轻视。
- 建议你正在做的事情是具有补充性的，可能会导致一种新策略；你站在巨人（包括主流巨人）的肩膀上。
- 邀请主流科学家提供反馈，或邀请他或她参加你的项目并将旧方法与新方法进行比较。
- 请不要过度使用“突破性”“革命性”和“范式转换”之类的术语。
- 相反，你应该让事实说明一切：提供支持你观点的初步证据或其他证据，以使观点在评论者看来是合理的。
- 一些（排名靠前的）期刊并非根据事实或证据（评价文章），而只是评估文章会对期刊影响因子产生什么影响。可改投他刊。
- 如果你正处于撰写基金申请阶段，请为有风险的“计划 A”提供具体可行的“计划 B”。列出你的早期成就，以证明你通常已经超越了最先进的水平。

1 Bosch 2018

成为诚实而负责的人

低年资研究者，可能不太容易理解，需要怎样做才能成为一名诚实而负责的研究人员。即使是高年资研究人员也可能缺乏统计技能，他们很难报告他们已发现的其早期工作中的错误，也很难在别人发现其错误时公开认错。但是，你个人、你的团队成员和整个科学界的声誉会受损，因此必须诚实和负责任。

■ **学术不端**。大学严格监管学术不端行为（例如操纵、伪造或捏造数据），这可能导致停职，解雇和/或起诉。你的文章将被撤回，你的声誉会严重受损。你可能会在 retractionwatch.com 网站上被抓典型，或者获得媒体不必要的关注。

■ **灰色地带**。在有意识的学术不端与真正的科学诚信之间，存在着一个很大的灰色区域，其中包括无意识和潜意识的不当行为以及不专业的行为。你可能对地位或经济利益敏感，因此会倾向于在某种程度上夸大你工作的积极方面，并尽量减少其局限性的叙述。遗憾的是，大学不允许你披露身份权益，也不能让你披露将来可能获得的经济利益。

■ **第三方利益**。研究人员通常在财团协议（由公共机构或私营－公共合伙企业资助）或合同协议（第三方为研究付费）的保护下与第三方合作。第三方可能会对你的研究结果抱有浓厚的兴趣，他们需要该结果来支持其政治提议/想法或支持其业务：你的结果应向客户证明该公司的产品胜过其竞争对手。如果你报告的结果与第三方的业务利益相抵触，则你与第三方的关系可能会中断（对方不再提供资金）。此类供资方通常有权在你投稿前先查阅稿件，他们会向你施加压力，要求你修改稿件或根本不发表。

因此，你需要与你的团队讨论可能导致你走错路的机制，并且你需要加强要求，以确保立场正确。例如：

• 不要让第三方对你的研究产生影响，包括你要研究的问题、决定采用的实验或理论方法和交付的结果。

• 应该披露你和你的团队成员在日常工作中除大学员工以外的所有额外或附加工作活动——这些工作活动包括学术期刊的编辑、政党顾问委员会的成员、校办企业的股东或某一公司的顾问。

• 在大学网站的个人页面上添加最新和完整的工作活动列表。申明特定的关系（例如，咨询或合作）和任期（例如，受薪或非受薪）。

• 还应报告任何间接利益冲突，例如你或你的任何家庭成员在合作公司中持有股份或拥有其他财务利益。团队中的每个人都应避免出现任何潜在的利益冲突。

• 当你向学术期刊投稿时，应当即刻并且完整披露所有（潜在的）利益冲突。这些利益将由期刊主任和审稿者评估，并向读者公开。

如在研究中使用数据分析时，请确保其他研究人员可以完全理解；并且，如果他们愿意，可以重复你的分析。

请考虑以下步骤：

• 在开始研究之前，定义并公开分享你的数据采集和分析计划，并坚持执行。如可能，在期刊上预先注册项目和计划论文。

• 创建模仿真实数据的人工数据集（例如使用数据模拟或置换），并以与你在预注册中所述的初始数据完全相同的方式进行分析。使用相同的过程进行数据清理、在数据中寻找规律等。看看这些“人工”数据集的结果是什么，并将其用于在真实数据中进行推断。比较一下真实数据集与“人工”数据集的结果。你在真实数据集的发现，是否在“人工”数据集中也出现了？更极端的发现是否也能被“人工”数据集重复？陈述你的发现的不确定性。

• 通过使用略有不同的数据清理，寻找数据规律等方法重新分析你的真实数据。看看这些替代分析的结果是什么。你最初的发现是否不那么可信，因为采用其他分析方法后就不再出现上述发现？

- 在所有方向上明确搜索所有可能的隐藏因素以及任何独特发现的替代注释。
- 提供所有数据（包括元数据）和分析工具（如软件），并邀请未参与研究的团队成员（以及其他同行和非学术人员）来解释数据（存在数据隐私的情况下，首先要注意保密问题）。唱反调的人极有帮助。
- 软件可能包含错误，因此需要适当的软件测试和版本控制，或者独立且完整地重新实现软件。
- 清楚描述本研究的局限性。
- 如果在发表的论文中发现错误，请尽快刊发勘误或撤回。
- 检查其他人发表的文章是否勘误信息、其同行是否发表过重要评论或读者来信：你的研究是否仍以该文章的数据、方法和结论为基础？
- 如果你的研究是基于他人的数据，则可以主动独立地对其进行重新分析。检查你是否得出相同的结论。

一位年轻教授的轶事

一位重量级人物的讣告

我不经常读《自然》或《科学》，但是我会不时浏览这些期刊的一些印刷版。一次偶然的机会，我看到了某个我能够立即认出其名字的人的整页讣告。几年前，作为一个年轻人，在不知道他身份的情况下，我联系了这个人和期刊编辑，因为我对他的两篇论文中提出的主张具有不同的意见。我同意一项研究中的结果可以令人信服地在第二次研究中得以复制，但是我不同意它们的医学意义，因为他将某项可复制的技术性伪影误认为是可重复且具有医学意义。编辑和我得到了答复，但令我惊讶的是，这无非是试图制造混淆并且使编辑忽略我对此的贡献。我的评论未在线发布。后来，当我在一次大型会议上的一次演讲中顺带提到了该技术性伪影，听众中的一位资深研究员站了起来，并强调指出："过去我们的确都忽略了这一隐藏因素，并误以为重复是质量的'黄金标准'。"我感谢他的公开评论，但即使在今天，在阅读讣告时，我仍然为这位重量级人物和编辑如何处理年轻研究人员的不同意见而感到悲哀。

试一试

使用以下任务与你的团队讨论研究规范，并促使团队成员自我反省。

具有独立性和批判性

■ 看见一个物体，有些人说它是正方形，还有些人说这是一个圆形。两者皆对？真相是什么？

■ 你更倾向于成为一个领跑者还是跟跑者？请提供事实以支持你的答案。

■ 在你的研究领域中是否存在彼此冲突的思想流派？如果你属于其中一个流派，请站在另一个流派的角度考虑问题。如何能够与他们达成和解？

■ 如果你所在领域的出版物中 60% 是不可重复的，你将如何阅读下一篇科学文章？列出关键点。

诚实和负责

■ 你知道自己的性格弱点吗？ 例如，你在多大程度上特别看重声望、容易嫉妒他人并受他人成功的影响？

■ 考虑你最近的工作。从 0 到 100% 进行评分：你在多大程度上将事后分析模式转换为假设、伪造数据、扭曲故事、夸大你的发现、隐藏异常细节或轻视不确定性或风险？解释你的评分。

■ 你将采取哪些具体措施来防止自己在日常研究中“愚弄”自己（图 1.5）？

行为准则

■ 你所在的大学是否有行为准则，研究规范指南、道德准则或科学诚信文件？与你的团队成员讨论这些。

■ 考虑你的所有活动和利益：是否有任何可被视为“附加”或“辅助”的东西？填写下表。

活动或利益的描述	
可能对大学的学术和商业利益做出贡献	
可能与大学的学术和商业利益发生冲突	
花费在活动上的时间	______ 小时 / 周 ______ 在工作中 / 工作以外
如果是受薪的，请说明薪酬协议	
此活动 / 利益是否公布在大学网页上？	

科学诚信的困境

■ 括号内网站（www.eur.nl/eng/lish/eur/publications/integrity/scientificintegrity/）上提供了 75 种困境测试（例如，与合作、发表、评论、职业等

相关的挑战)，可参考其中一项测试。要求你的团队也接受测试并讨论。

■ 在网站（https://ori.hhs.gov/thelab/）上玩一个“实验室”游戏，该游戏说明了研究“欺诈”是如何发生的。你可以在实验室聚会的时候玩这个游戏，然后每个人都会坐下来开始思考！

1.5

推　　进

如何成为一个好的团队领导者？

作为一名职业生涯早期的科学家，你可能已经开始进行第一个独立项目。几年后，你可能会同时进行多个项目。可以肯定的是，你曾经在项目运行中犯过错（并且以后也还会犯错）。你应当留出时间来进行自我学习和自我反思，以免掉入陷阱。例如，你招了一名博士生，但遗憾的是你对他/她成长潜力的预测最终被证明是错误的。或者你加入了一个外部资助的项目，但是这个项目所雇佣的博士后却对你“放手去做”的指导风格不满，因此想要退出。还有可能你和同事合作完成了某项工作，但是商议后给你的作者身份无法令你满意。你的工作太多了，虽然充满乐趣，但是你的精神和/或身体发出了超负荷的警告。你认为自己应该提前升职，但你的院长坚持按部就班，让你十分恼火。不过，你可以秉持更开放的心态进行反思和学习，例如采取下面这些步骤[1]：

■ 参加有关学术领导力的课程和同行讨论小组。

■ 找一位资深的导师，他可以为你提供批评意见，为你树立一面镜子。

1　1983 年，大卫·科尔布（David Kolb）发表了关于体验式学习循环的著作：《对新行为的体验、反思、概念化和体验》；更多信息，请参考“拓展阅读”。

■ 向团队成员征询你的领导能力。

■ 承认自己的弱点（或许你的领导风格并不太有效），并做好改变的准备。

■ 长期保持工作与生活的平衡。

■ 培养对组织和社会中各种变化（包括政治因素）的感知能力。

不同的人可以有多种不同的领导方式。图 1.7 显示了 4 种领导风格，每一种都包括两个层次。

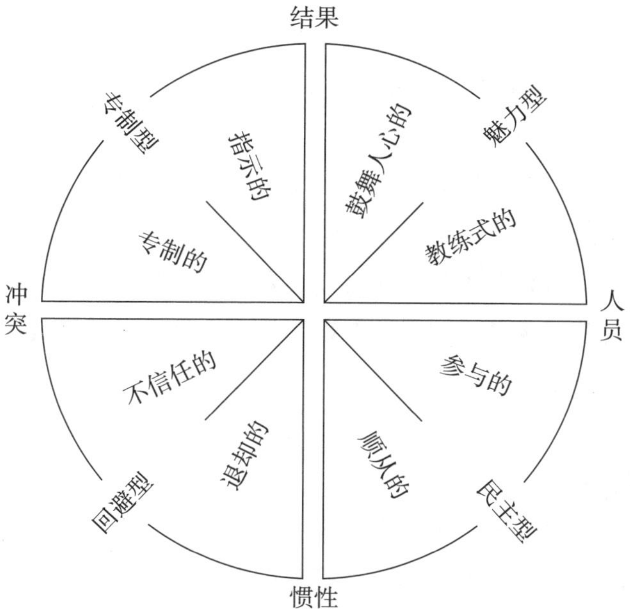

图 1.7　领导方式

注：有 4 种领导风格，每一种都有两个层次。从外部观察时，你是否是以结果为导向（“你听到了工人忙着捶打和锯割”），或是以人为导向（“你听到了团队成员很开心”），还是注意到领导和团队之间存在冲突？（“你听到了争吵和摔门声”），还是怠惰而非行动（“你听到了沉默的凄凉”）。反思自己的领导风格！（来源：Redeker et al. 2014）

■ **魅力型**。擅长鼓舞人心（通常有一个吸引人的愿景，善于说服他人，并且是以结果为导向的）或者教练式（善于倾听、欣赏并激励他人，以人为本，寻求双赢局面）的领导风格。

■ **民主型**。参与式（让成员参与到流程中，接受他们的提议，以人为本）或顺从式（不愿意给予指导，更喜欢待在幕后，尊重成员的兴趣）的领导风格。

■ **回避型**。退却（你是缺席的、不承担责任的，并尽可能避免冲突）或缺乏信任（对他人的动机持怀疑态度，对他人的想法呈负面态度，不与他人沟通）的领导风格。

■ **专制型**。专制管理式（对人苛刻，强迫他人服从，不接受批评，计较输赢）或者指示性风格（你制定计划，执行，评估，然后行动；你只追求结果，强迫他人遵循你的指示）的领导风格。

提升你的队伍并成为学术界协作高效的团队领导者，你需要以结果为导向，同时遵循以人为本的价值观。例如，你需要成为有魅力的领导者，并偶尔使用更具指导性或参与性的方式来领导团队；而其他领导模式，从顺从型到专制型，结果即使不是灾难性的，也可能会适得其反，不利于组成一支高效的研究团队。

小组而非团队

两个或两个以上的人组成一个研究小组：研究小组包含有大学生、硕士研究生、博士研究生、博士后，但他们在研究小组里可能只专注于自己的目标和成功，忙于他们自身的文章、毕业论文或工作简历。但是两个或两个以上的人也可组成一个研究团队，即使他们正从事不同的研究项目，但他们团队协作，可以创造出更好的文章、毕业论文、更强的简历和更棒的研究成果。他们共同致力使团队中的每一个人都提升到更高的水平。一支体育运动队包括教练、运动心理学家、按摩师、技术分析师和队长等，而一个研究团队包含研究助理、行政助理和其他相关支持人员，并由你领导团队。

团队需要经历以下几个阶段才能运行良好（图 1.8）。

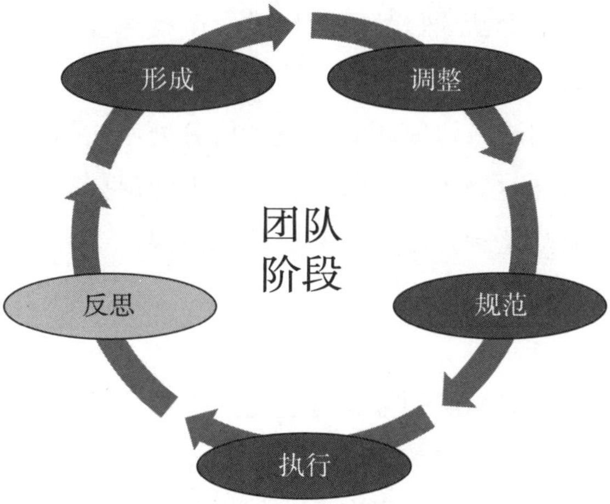

图 1.8 团队的 5 个阶段
（来源：Tuckman 1965）

- **形成阶段**。每一个人都对新工作或新项目满意，工作可以开始。项目的领导者负责通知、指导、把控研究目标、分配任务、结果交付和里程碑式的庆祝，并努力营造愉快和令人激动的工作氛围（鼓舞人心的 / 直接的领导风格），以激发团队的精神和雄心。
- **调整阶段**。对于如何将工作进行下去，细节方面存在不同的意见或困惑。你负责协调并带领团队继续前进（教练式的领导风格）
- **规范阶段**。成员之间进行协商、让步、说服，不然就让他们自己（重新）组织要完成的工作。你也可以引导成员进行建设性的辩论和反思（教练式 / 参与式领导风格）。
- **执行阶段**。项目运行良好，结果超出预期。你负责监督项目运行（参与式领导风格）。
- **反思阶段**。随着项目的结束，成员们相继离开，庆祝项目成功或总结项目失败的教训。你感谢为项目奉献的每一位参与者（参与式领导风格）。

新项目开始，每个新项目都经历形成 – 调整 – 规范 – 执行 – 反思 5 个阶段。请参阅《开发科研潜能》（剑桥大学出版社，2011）第三章。由于成员们在不同的时间进入研究团队，进入后分处不同的研究阶段，这样就使得整个研究团队同时处于多个阶段；如果未能保持高度统一性，项目运行就会变得不流畅甚至棘手。人员变更后如何保证项目高效运转，对于领导者是一个挑战，值得始终关注。

调整阶段对于新的团队领导者可能尤为重要（虽说对于经验丰富的团队领导者也是一个挑战）。救命！发生了什么？突然间，成员之间矛盾重重，表现出失望、愤怒，彼此不沟通、相互抵触。从积极的方面来看，这说明团队成员对自己的工作严肃认真，毕竟谁也不会斤斤计较那些与自己无关的事情。但是项目一旦进入调整阶段或规范阶段，处理好成员间的人际交往尤为重要。一些领导者可能会生气，要求成员们绝对服从（专制型风格）。而一些领导者则尽可能地避免冲突（回避型风格）。从长远来看，这两种都不会使项目有良好的运行环境，都不会奏效。而只有当你在调整阶段成功地带领团队成员克服困难，解决分歧，才能组建成为一个高效的团队，其中成员需要：

- 彼此之间互相信任
- 交换想法和成果
- 接收并给予具有建设性的反馈意见
- 为团队付出更多的努力
- 公开表达需求和担忧
- 分享乐趣、保持热情和确保高昂的团队士气出于各种专业或个人原因，博士研究生或博士后的生活可能是忙碌的甚至是困窘的。他们通常处于繁忙的生活阶段，堪比“暴风雨季节”。你需要对他们的需求和担心时刻保持关注，帮助他们度过难关，在问题萌芽或问题发展早期为他们准备指导员、健康咨询师或其他内部或外部可能需要的帮助。更为重要的是，你需要让团队成员认为他们出现问题后可以和你保持联系。

项目最后一个阶段为“反思阶段”（也称为“休息阶段”）：项目即将结束，工作已经完成，团队成员将离开。最坏的情况是，前团队成员没有可以继续进行的工作，面临失业；而你没有下一个项目的启动资金，因而失去了团队领导地位。但是，如果从一开始你就认真对待团队成员所取得的进步以及你自身的进步，那么项目结束后可能会有让人更满意的结局。表 1.3 提供了更多良好实践的概述。

表 1.3　领导你的团队：在 5 个阶段的每一阶段中更多的良好实践

形成
为团队建立合适工作环境；例如为那些容易被噪声分散注意力的人提供安静的房间
分享你对新项目的愿景以及工作计划，并邀请小组成员们分享他们的想法
使成员的目标与团队的目标保持一致
通过频繁组织正式的或非正式的会议来促进团队协作
保持办公室的门开放，与成员紧密联系，时刻保持关注
不纸上谈兵，做一个随时可以做一些实际工作的领导者
关注具有其他文化背景成员的想法和行为
调整
将冲突视为学习的机会，并自信地予以处理

续表

调整
帮助团队将错误转化为经验教训
必要时提供建设性的反馈意见和支持
即使进展比预期慢或是面临困难，也要保持全身心投入
提供培训以补足技能方面的缺乏
规范
你的想法和书面表达需保持一致
对团队诚实，项目日程保持开放，无任何隐瞒
对待团队成员需信任和尊重，即使某些成员天赋不足或不太适合团队
执行
分享你所知道的一切；当团队成员比你了解更多时，应为其鼓掌
通过庆祝活动（例如，咖啡和蛋糕）、联合发表论文、感谢函等来奖励良好的团队互动
工作生活充满欢乐和刺激
密切掌握团队成员工作生活，保持两者平衡，避免其出现倦怠和无聊
密切掌握团队成员时间、金钱和工作质量。需要帮助时及时采取行动
反思
除外该项目，帮助团队成员发展未来职业
对成员各自感兴趣的课题成为他们新的研究起点
帮助他们离开团队，即使你非常不舍
为项目团队组织最后一次庆祝活动，以庆祝个人或团队的成就，在个人层面上愉快完美地结束该项目

为了你的团队、其他团队和组织的最大利益，你还应该指导团队成员与其他团队一起工作并提供支持。意识到这5个阶段，并特别警惕团队成员对其他研究团队或支持部门发表负面评价；采取行动，在各个团队之间架起桥梁，共同进入执行阶段。

促进你的团队成员及其职业发展

尽管你认为运行一个基金项目需要考虑的无非就是时间、金钱和成果，但资助机构也会重视博士和博士后研究人员个人或专业发展，并把它作为你项目资产的重要部分。同时资助机构也会评估你培训的合格度，例如欧洲研究委员会的审稿人被问到：

"首席研究员在培养年轻科学家方面是否足够出色？"

这种评估应当解释为你的职业发展与他们的职业发展息息相关：你团队中的博士和博士后不应该仅仅是帮助你实现学术目标的劳动力。你也是他们人生重要旅程中的榜样与合作伙伴：他们的最后教育步骤，是在学术界内部或外部实现完美职业生涯并保持工作与生活健康的平衡。应帮助他们意识到自己的工作和生活目标。

读博士是一笔不错的投资吗？博士后阶段是否有助于实现他们的职业目标？或者，是否应该离开学术圈，因为进一步的培训不会增加他们实现目标的机会？甚至有可能降低？

学术界外，大多数人最终可以找到自己的职业方向：或是进入公司、政府部门、公共部门，或是仍然停留在与学术界密切相关的大学管理部门、科学出版社抑或大学或研究机构的媒体或公共关系办公室等。你带领你的团队掌握最新的科学知识，研究所需的核心技能，同时也掌握许多可以转移到其他场景的通用技能（参见"试一试"中的表1.6并进行练习）。

相比之下，学术界内，他们的职业生涯朝着独立自主的方向发展，你可以帮助他们发展他们自己的研究路线，但绝不是原版照抄你自己的；而是，在某些方面他们比你更出色，进而在学术圈谋得一席之地。你可以利用你所掌握的最前沿的学术知识和核心技术来培训团队共同提升。

以下是如何帮助博士和博士后发展的例子：

■ **其他项目**。虽然博士和博士后是由某个固定项目招募和支薪的，但请尝试留出一些空余时间来让他们放松，就像谷歌允许其员工每周花费1天时间从事其感兴趣的活动一样。对他们来说，这有机会发展成为一个新的研究方向，也可能对他们正在从事的项目有所启发从而开辟新的思路。

■ **其他榜样**。邀请来自学术界的嘉宾与你的团队进行交谈，甚至与你的团队进行合作。例如：邀请你的校友（你以前的博士毕业生和博士后）、你的同行合作者、有影响力的学术期刊编辑或者一名著名资助机构官员来帮助你的团队成员开拓视野，提升对未来的看法。你也可以鼓励团队成员从事一些项目外的工作，以扩大他们的经验；例如，可申请旅行补助和实习奖学金，为日后的基金申请积累宝贵经验。

■ **工作或基金申请**。学术界内部或外部任何工作的申请都是基于金钱的需求：你的团队成员需要在下一份工作中赚钱。如果他们对于下一份工作有想法或计划，需要从雇主那里得到财政支持（如买一些新设备或一些技术支持）。求职竞争是十分激烈的，所以你要教他们如何提出一个强有力的求职理由——一个对方不能拒绝的理由。更好的方法是，你可以直接讲授或推荐他们参加一门关于撰写科研基金申请书的课程，因为这项技能对于想离开学术界的人也很重要。他们可以构建一个他们想实现愿景的项目，概述具体的工作计划、可能的影响，计算预算，并说服他人相信这样的计划是可以实现并值得投资的。作为团队负责人，你需要帮助你的团队成员完成工作或基金申请。是的，你对他们的投入（时间和专业知识）确实会让其他人受益，但是一个前团队成员通过与其他地方顶级研究人员和公司建立新的、深入的联系，也可以拓展和强化你的人际网络——谁知道以后你可能会获得什么样的回报呢？

■ **推荐信**。一旦你的团队成员开始申请工作，你需要为他们写推荐信（表 1.4）。遴选小组会仔细阅读并认真考虑，所以写这些信时要多加注意。你可以分享哪些事实或轶事来为你的推荐提供强有力的依据？你可能会被问到你推荐的人是否名列前茅，或者说明他 / 她是否“非常好”“优秀”抑或“杰出”。要明白，如果你的推荐信内容不诚实、陈述不完整，你的声誉也会受到影响。如果你不认为你的团队成员适合某个特定职位或是某个特定职位的理想人选，你可以以积极而谨慎的态度直接告知他，同时讨论或暗示什么样的工作和职业适合他。你肯定不希望该博士或博士后在一个不合适的地方工作或任职。你可以拒绝为他 / 她写推荐信，同时说明拒绝的理由。如果你写了推荐信，你就应该投入你的时间和精力让被推荐人脱颖而出。

表 1.4 学术工作的推荐信（类似于实习或奖项提名等）

简介
致信的教授或研究员的姓名 申请人姓名及申请的工作
你对申请人的了解程度以及相识时间
简短的历史概述，包括申请人与你合作的项目的起止日期和所涉专题
科学
申请人的主要知识成就、出版物、演讲、公众宣传、其他学术活动、认可度、愿景等

续表

教学
申请人在教授课程和指导学生中获得的任何经验
个性
申请人的专长和一般技能。不要隐藏任何严重的顾虑，但要考虑到申请人的个人隐私（不要泄露你私下获得的任何信息）
总结和未来
在简短而完整的评估中总结所提供的信息 你可以于总结中介绍申请人在同行中的排名 你对求职者与空缺职位之间匹配度的看法 你的最终推荐意见

注：添加事实和轶事（作为证明）。不要将推荐信展示给申请人，而应将其直接提交给征询者。

你自己的发展前景

弄清楚你职业生涯的下一步需要什么——终身教职、从助理教授晋升到副教授、从副教授晋升到正教授。你是否希望承担额外的行政工作来帮助你的部门、教职工或大学发展？你不仅要在研究方面表现突出，而且要在教学、知识转移和公众参与方面表现突出；你是否有条件专攻某一领域？你到底想要什么？花一些时间进行自我反省，或者寻求经验丰富的导师的帮助。制定你的策略和行动计划，并且与你的主管领导探讨未来发展计划。

如果你想留在学术界，你可能有大量的工作时间：2000 个小时乘以退休前的年数。你怎么能长时间保持成功和快乐呢？研究工作遵循一种循环模式。你启动、进行并完成一个项目：再次启动、再次进行、再次完成，也可能同时进行多个项目。如果你能不时地恢复活力，你将可以继续你的科学事业，直到65岁以上。这里有一些让你恢复活力的建议：

■ 参加本专业领域以外的会议，看看在其他领域或相关领域比较完善的想法是否可以借鉴到本领域。

■ 每6～7年与另一个小组一起休息3～6个月，以获得新的知识或学习新的方法或技术。

■ 在工作单位协商从一个部门转到另一个部门，以推动你的研究方向。在一个部门待上几年，然后再转到另一个部门，或者带着你丰富的跨学科经验回到第一个部门。（这也对研究所提出挑战，因为管理不善的研究所不会兴旺发展，人们只会选择离开，而不会回来。）

■ 撰写和发表一篇前瞻性论文，概述你对本领域发展前景的看法。有些强硬派人士不会将其视为真正的出版物，但他们当然是错的。

■ 写一本你一直想写的教科书，向学生介绍最近和过去的研究成果。通常情况下这对晋升没有帮助，但衡量的标准可以改变，并且必将改变。

■ 担任一名或多名来自其他研究所或学院的年轻研究人员的导师。

作为一名科学家，从定义上来说，你是被好奇心驱使的。也许在某些时候，你想要在学术界有更多不同的冒险机会，或"更大的"冒险。你可以：

■ 将你目前的职位与其他地方的新职位相结合。例如，可担任另一所大学的兼职访问教授或名誉教授。

■ 获得更多的资助、指导几十个博士生、发表数百篇文章、荣获许多奖项等，这些都可以让你成为学术巨星。但人们的观念正在发生变化：人们认为，"累积优势的马太效应"[1]会不成比例地集中资源，降低资金回报。

■ 仅承担有限数量的项目，作为一名忠诚的主管和协作者为这些项目

1 Merton 1968

工作，并将功劳归功于真正应得的人，这将使你成为其他人的真正学术领袖和榜样。你可以毫不妥协地追求高品质而不是大批量，并帮助改变科学领域的奖励体系。

■ 成为一所研究所或大学的学系主任、副院长、院长、副校长、科学协会或公共基金机构的管理者，或在学术管理方面提供帮助。在一些发展迅速、竞争激烈的领域，重返研究岗位几乎是不可能的。

你也可以考虑离开学术界，至少一段时间；或者以此作为兼职，以便去其他地方建立新的职业生涯。例如：

■ 把你目前在学术界的职位和学术界以外的新职位联系起来，例如在咨询公司兼职。

■ 你可以是一个全职的研究人员或产业研发经理，创办自己的企业，加入大型咨询公司，或者进入政界（如在教育部工作）。

在组织中领导团队

作为团队领导者，你应认识到自己只是一名中层管理者；你对你手下的团队负责，但你还有自己的上级管理者：部门主管或主任、教务主任和大学校长。他们将监督和评估你和你团队正在做的事情。希望他们能满意并给予支持。但如果他们不满意，并对你和你的团队强加措施怎么办？如果你同意，你可以遵循并执行他们的措施。当然，如果你不同意，你就会进入另一个激烈的阶段：现在你要面对的是管理层而不是团队内部的激烈竞争。如果你的上级领导采取独裁或不信任他人的方式，这将是特别艰难的。就像在其他激烈的事件中一样，你可以把这种情况解读为：这是一个对他们来说很重要的问题，某人对此非常重视，并且在认真对待。你需要采取的谈判步骤包括[1]：

---

1 改编自 Fisher et al. 1991 和 Ury 2007。

■ 不要和你的对手正面交锋。相反，你应该花些时间试着去理解他们的动机：关注他们想要什么、关心什么以及他们的兴趣何在。也许他们要处理一些你还没有意识到的政治问题或组织问题。询问、倾听，并明确你是否正确理解了他们的意见。

■ 然后让他们倾听你的需求和担忧。对方的级别比你高，但你不必低声下气。你可以保持积极和自信，如果有必要，还可以表明你是一股不可忽视的力量。

■ 要有一个共同的基础，比如良好研究实践所遵循的共同原则。讨论应该产生的结果，用事实来反驳任何假设或误解。试着一起努力找到一个你们都能接受的解决方案。这可能会达成妥协或形成新的解决方案，远胜于各说各话。

■ 你和你的团队也会和学术圈以外的人士相关一起工作，比如人事、财务等部门的支持人员。你同样要遵守组织的规则、过程和程序。你也需要花些时间去了解这些同事，理解他们的工作，在必要的时候给予他们赞扬，创造一种共同工作的文化。如果你开会时给大家买咖啡或蛋糕，邀请他们参加团队聚会，必定会有利于增进双方友谊（表 1.5）。

表 1.5 与下列人员打交道的建议

支持人员
对别人的私生活和工作表现出真正的兴趣
设身处地为他们着想；理解他们的立场
让他们觉得自己是团队的一员；共同庆祝成功
给予赞美（“没有你，我们真不知该怎么办”）；如果有必要，帮助他们了解你的处境

续表

管理层
在管理规则和程序方面要务实
为你的行为负责，包括你犯下的错误
学习如何得到一个“是”或克服一个“不”
必要时挺身而出，尽管可能会对你自己的位置造成不利影响

校友的轶事

待人友善

在哈佛医学院期间，我听说有个美国妇女科学协会（American Association for women in Science，AWIS）。这是一个女性专属的科学协会，这让我有点惊讶，但也让我感到好奇。离我的博士毕业还有不到 1 年的时间，这些女性（她们大多处于职业生涯的高级阶段）的故事可以帮助我决定我的下一个职位，不管是否应该从事科研工作。

显而易见，报名参加他们的活动是必要的步骤。但是我敢和这些教授交谈吗？我的导师曾经问过我们：“既然你们都有 20 多年的对人友善的经验，那么谁愿意担任今天欢迎我们举世闻名的演讲者节目的主持人？”我愿意担任主持人，这被证明是一次非凡的经历，是我生命中的转折点。

考虑到这一点，我说服自己加入了 AWIS，我遇到了许多有抱负的教授以及来自各个国家的博士后和博士研究生。他们都热情地阐述了自己的科学道路，并分享了经验教训。这些 AWIS 对话对我的职业规划很有帮助，也促使我决定了我目前职业：咨询行业。对人友善可以帮助你开拓新的视野。

试一试

以下几点将帮助你反思自己的领导风格，认识团队所处的阶段或已经经历的阶段，并允许你为团队成员（当下或以前）的培训和发展提供建议。

人际交往风格

■ 年轻的研究人员能成为好的团队领导者吗？请说明原因。

■ 没有专业知识的人可以成为优秀的团队领导者吗？请说明原因。

■ 不同的领导者有不同的领导风格。你可以根据自己的经验给出具体实例吗？你对这些领导风格感觉如何？

■ 你偏爱哪种领导风格？

■ 询问他人你的领导风格是什么，并讨论他们对此的感受。

■ 在什么情况下你会采用其他领导风格？为什么？

■ 有哪些任何理由在一些情况下改变领导风格？

■ 交通信号灯意味着：绿色“行”，红色“停”，黄色“注意”。使用绿色、黄色和红色为图 1.7 中的 8 种人际交往领导风格上色。解释每种领导风格的颜色选择。

团队阶段

■ 你有小组还是团队？

■ 你的小组 / 团队目前处于哪个阶段？

■ 你对过去的调整阶段有什么反应？

■ 你如何应对下一个调整阶段？

■ 你是否以良好的方式完成了之前的项目？

你目前的团队成员

■ 你的团队成员是否有足够的时间和自由来发展自己的科学领域？

■ 博士生和博士后经常低估或忽视核心可转移技能的价值，因而在面试中可能会言过其实。让你的团队成员列出他们最重要的卖点，看看表1.6中列出的技能有多少被包含在其中。安排一次实验室会议或者每年外出一两次来做这件事。

表 1.6 核心可转化技能

批判性和独立地思考
诚实和负责
表现出强烈的激情和动力
优选、决定、行动、评估、坚持
收集、分类、处理相关信息
提出问题，澄清问题
创造解决问题的想法
分析定性和定量数据
使用当前的电脑软件
团队合作
选择一个主题进行演讲和撰写，一个主题撰写和演讲来说服同行和公众
撰写项目建议书、资金申请和报告
教育和激励学生与他人
开发和讲授课程

■ 帮助你的团队成员准备面试。分析招聘广告中的选拔标准（技能、素质），并帮助团队成员准备 STARR（情景、任务、行动、结果和反思）故事，以感动和说服选拔委员会（见 1.3 节关于 STARR 的更多信息）。就主要标准而言，他们应该沿着 STARR 方法的思路，写出最近的、具体的、

有积极结局的故事。

你以前的团队成员

你以前的团队成员现在在哪里？他们做得怎么样？为他们建立数据库，包括以下信息：对于留在学术界的人：姓名，目前和过去的工作和职位，重要的资助、奖励等；对于离开学术界的人则需增加其他相关信息。你可以将这些信息添加到你的团队网站，甚至你自己的简历中。

■ 你是否通过 Linkedin 或其他社交媒体与所有人保持联系？

■ 是否有机会从前成员那里获益？你可以和谁建立新的学术合作？谁能为你们的空缺职位推荐候选人？在营利性或非营利性组织工作的前团队成员，哪些可能成为你的赞助人？

2

“85% 的失败原因应归于系统和流程的缺陷，而非员工。管理的作用是改变流程，而非苛责某个人应该做得更好。”

W. 爱德华兹 · 戴明

(1900—1993)

教授，统计师，管理顾问，PDCA（plan，do，check，act）循环创造者

组　　织

2.1

引 言

许多资深科学家都愿意回顾他们作为博士研究生或博士后时的时光。那时他们能够将自己几乎所有的时间用于阅读新的科学文献，为新的科研创意而疯狂，设计巧妙的方法来验证一些有趣的设想，开发新的理论并收集有力的支持信息，撰写并发表1篇或多篇有影响力的论文，参加令人兴奋的科学研讨会和学术会议等。尽管他们未来的职业并没有保障，但那仍然是一段为重要的科学事务工作的美妙又有价值的时光。

而当你的职业生涯向前推进，你的时间安排也会逐渐发生改变。现在，你需要撰写一个基金标书，为你的第一个博士生提供研究资金（“我想我已经准备好开始组建自己的团队了”），要与财务人员讨论人力成本的预算（“为什么博士后费用这么高？”），要弄清楚需要咨询其他哪些“神秘”的专家（“啊，我的申请需要部门主管的批准，但是我所在的大学只有校长可以签署法律合同”）。在一次或多次尝试以后，你获得了基金资助。但是，这标志着你作为博士生或博士后的早期职业生涯的结束。从现在开始，你需要自己全权负责各种事务：招募新的团队成员、评估甚至解雇某些员工、记录你的收入和支出、谈判新的合同、考虑设计一些针对公众的活动来促进研究的影响力或者帮助团队成员创立一个相关企业。无论你是否喜欢这些，你需要了解与人力资源、财务、知识产权、法律合同以及授权许可等相关的正式管理程序及流程。以下 4 个部分将分别介绍 4 个不同的行政或业务领域：

■ **人力资源**。雇用团队成员，评估团队以及每个成员的绩效，决定是否为其提供合同或者是否要终止某人的合同：人力资源管理的形式约束有哪些呢？

■ **财务**。需要考虑哪些类型的成本？如何在项目开始之前规划好预算，并且在项目期间管理好支出？该项目是否能在未来带来新的收入来源？

■ **法务**。在大学里工作并由外部机构提供资助的时候，你参与了哪些类型的法律合同或协议？你的权利和义务分别是什么？你的创意和工作是否受到法律的保护？各项权利义务的归属如何？

■ **专利**。公司什么时候会想要投资你或你的创意？你想创办自己的公司吗？你需要为某项应用或创意申请专利吗？你能发表论文或将你的工作在会议上进行展示吗？专利与论文之间的价值差异是什么？

2.2

人力资源

在物色、选择、雇用、培训、评估并使得你的团队成员不断前进的过程中，有很多正规的流程和步骤。针对其中很多个步骤，人力资源部门的员工都可以为你提供支持，如人力资源顾问和政策官员、培训师和辅导员、管理服务人员等等。他们都能为你做什么？

- 讨论招聘策略
- 帮助制订岗位描述
- 处理招聘广告，决定在哪里投放
- 培训选拔小组
- 审核入选标准
- 参与面试
- 核查资格证书 / 文凭
- 准备工作合同
- 协商薪资
- 帮助新员工入职
- 培训你如何进行绩效面试
- 训练你的专业和个人技能
- 指导职业选择和工作应聘

- 在发生冲突时提供建议
- 采取措施保护员工隐私和数据

但是在某些步骤中，人力资源只能提供支持，你不能完全委托给他人。这些步骤包括：

- 选择招聘博士研究生还是博士后
- 在招聘广告中明确研究要求
- 选择最佳候选人
- 培养其核心科研技能
- 进行绩效 / 进程面试
- 帮助小组成员规划他们的个人和职业发展
- 确定试用期内通过 / 不通过的分数

以上列出的关于人员的几个方面已经在第一章中讨论过，本节将介绍更加规范的人力资源管理流程，以便你可以更正确地管理你的人力资源。

通用数据保护法规

作为团队的领导者，你会获取并处理其他人的个人资料，包括申请信、推荐信、雇用合同、面试评估报告和 / 或一些与疾病相关的信息。根据法律规定，你和你的大学承担着对学生、申请人和员工的个人数据进行处理和管理的重要职责，如果有违规行为则会受到重大处罚。人力资源部门会设计并实施与数据保护的所有流程相关的措施。与人力资源部门讨论你需要做些什么，以保证你和大学都能遵守相关的法规。

招聘政策

需要充分兼顾你、大学、资助机构以及你的候选人的利益，因为它们都很重要。在你为某个空缺岗位发布招聘广告之前，需要对法律和财务方面的相关内容进行检查并获得批准（由负责人签字，甚至可能需要你大学的校长签字）。广告和招聘程序需要符合你所在大学的标准，例如：在相应领域，是否公开、高效、透明并且具有国际可比性？你的大学或机构可能还需要遵守国家或内部规定，例如，是否带有欧盟人力资源卓越标识（框 2.1，了解此案例中应该采用的一些欧盟政策）。所有的候选人应该受到平等的对待。如果你在线下面试了一位最终候选人，而对另一位候选人只通过网络电话（Skype）进行了面试，那么最终决定应该等到你亲自见过两个人之后再做出，尽管这可能看上去很难或者不太实际。除此以外可能还有其他的规则、标准或建议需要遵守，例如：

框 2.1　招聘政策举例

招聘广告政策

- 应提供清晰、透明的有关候选人甄选流程的信息，包括甄选标准和参考时间表。
- 发布清晰准确的招聘广告，其中包含关于所需的能力和职责、工作环境、福利、培训机会、职业发展，性别平等政策等的详细资料。
- 确保所需的资格和能力与该职位相匹配，而不是被设置为一个门槛或障碍（例如，要求某些限制性的、非必需的资格证）。
- 考虑为代表性不足的少数群体纳入一些明确、积极的要素。
- 尽量减轻候选人的行政负担（资格证明、文凭翻译、所需副本数量等）。
- 如果需要，审核本机构对语言方面的要求：对于某个特定职位，掌握本国语言是必备条件还是有利条件？

选择候选人的评审委员会应该尽量多元化

- 至少由 3 名成员组成。
- 性别平衡（例如，委员会的性别比例应当至少为 1∶2）。
- 包括来自团队以外的外部专家。

来源：改编自 2015 年欧洲研究区人力资源管理指导团队工作小组。

■ **博士毕业生应该离开团队**。博士生毕业后应该拓宽他们的视野，尽管让他们留下来在你的团队中继续做博士后可能对你有利，但对于他们的职业发展是不利的。因此建议是“博士后岗位不要内部招聘博士毕业生”，特殊情况除外。

■ **不要设终身博士后职位**。一个博士后如果接受了几个连续的定期合同，之后可能会失业并且职业前景堪忧。或许应该设定一个原则，博士后工作数年后应该升任更高级职位或者离职。你的团队可能不应该允许超过两个固定周期的博士后合同，或者设置博士后工作总时长不超过 4 年。

■ **内部候选人**。招聘的一般规则是公开、透明和择优招聘，但是在某些情况下，空缺职位可能优先考虑内部候选人。例如，一个空缺的研究助理岗位可以优先考虑已经结束或者即将结束合同（因为他们之前的项目已经结束）的员工，或许这可以被设置为鼓励某一类员工进行内部人才交流的激励政策，然后再进行外部招聘。如果有员工认为他 / 她自己符合岗位的所有要求却没有被内部招聘，他们可能会进行投诉甚至上诉到法庭。对此你需要有心理准备。

■ **推荐**。最终候选人可能需要至少 3 封推荐信。你可能很想马上录取最心仪的候选人，但是有一些隐藏的因素是你当时无法意识到，在之后才能发现的（表 2.1）。

表 2.1　招聘博士研究生或博士后必需的 HR 流程举例

项目启动：招聘广告	
1	为招聘获取正式批准（由老板签字）
2	撰写招聘广告（使用人力资源部门模板）
3	确定津贴 / 工资等级（从最低到最高）
4	制定投放计划（在何地、何时投放广告）

续表

项目启动：招聘广告	
5	制定选拔计划 / 工具（面试等）
6	安排选拔小组（名字、会议）
7	发出招聘广告
项目启动：人员选择	
1	候选人筛选（检查文凭等）
2	列出候选人短名单（选拔小组）
3	向候选人索取引荐 / 推荐信
4	对短名单中的候选人进行面试 / 考试（选拔小组）
5	对短名单中的候选人进行排名（选拔小组）
6	向选定的候选人发出正式录取信
7	新的博士或博士后加入（所有正式流程）

注：颜色表示由谁主要负责该项事务，你（黑色阴影）或人力资源部门（灰色阴影）。

绩效政策

多数大学都有年度的绩效或者评估面谈，由主管与博士生或博士后之间进行，并且通常由人力资源部工作人员提供支持。此类会议通常是很正式的（即主管可能需要对绩效进行打分），会议报告将由各方签字并存档用于法律用途。如果每个新加入的博士生或博士后从第 1 个月开始就制订清晰的工作计划，并且你会定期与团队成员见面并讨论工作进展，那么应该不会有意外情况发生。如果大家都了解项目进展顺利，那么会议的氛围会很轻松。会议通常关注以下几点：

■ **项目策略**。应根据原计划评估项目进展及学术成果。显然，在博士项目结束时，应该完成一篇不错的博士论文，论文中的部分章节可能已经提交用于发表，其结果将会在研讨会或学术会议上进行展示，可能还会受到一些媒体关注或其他一些形式的传播。但是，由于在项目过程中不断加深认识，大部分的项目进展都会超出原计划，因此必须每年 1 次或多次对项目中的科学任务进行修订，有时甚至是完全重新制定。如果时间允许，还可以开展一些附加项目（例如对项目过程中获得的一些出乎意料的观察结果进行后续研究）。

■ **技能发展策略**。你可以对专业和个人技能进行反思：在项目过程中，应对哪些人的个人技术或者技能加以特殊关注，才能使他们在项目更加成功；以及哪些技能对于项目结束后未来的成功职业生涯更加重要。制定技能发展的策略和具体的实施计划；将大规模在线公开课程（massive open online courses，MOOC）、传统课程、辅导、培训、指导、实习和类似的方法都纳入考虑（表 2.2）。

表 2.2 项目运行期间一些必要的人力资源流程举例

项目运行	
1	新的博士生或博士后开始工作
2	为新人配对 1 名能够帮助他们适应工作的伙伴
3	为情况特殊的人员（例如残疾人）安排特殊的工作环境
4	绩效评估和报告（试用期）
5	绩效评估和报告（常规）
6	解决合同问题（例如，由于产假导致的延期）
7	培训职业前景

注：颜色表示由谁主要负责该项事务，你（黑色阴影）、人力资源部门（灰色阴影）或你们双方（白色阴影）。

在合同开始时，博士研究生是你的学员，他们需要在项目结束时在专业角度和个人角度成长为独立的研究人员。项目的成功对于博士生和主管而言是双赢的，但是如果他们的成长不足以让他们在规定的时间内完成1篇论文，那么终止合同仍然符合双方（以及团队）利益。因此，一开始提供为期12个月的初始合同，再根据个人的进展决定是否续签2~3年的合同可能是更合适的（当然还需要取决于当地的就业法规）。博士后研究人员通常可以得到为期1年至最多3年的合同。这其中可能还要包括试用期。在荷兰，试用期最长可达两个月。在试用期结束后，你需要决定是否与他们续签——这个时候很大概率对于他们和你而言都是合适的。好在大多数情况下由于工作进展顺利，你们并不会注意到这个截止日期。

但是，主管有时候也会遇到这样的情况，回想起来，不续约可能是更明智的，对双方而言是更好的选择。博士或者博士后延期可能最终变成一场失败的斗争，严重影响其个人在学术界内外的未来职业前景。因此，对团队成员的专业和个人技能发展进行计划和监督非常重要，这样你就可以根据双方达成一致的绩效要求做出决策。如果能够很好地执行并记录，那么博士生或博士后和你应该能够就当下情况达成一致。记录会表明他们的成长是充分的（那么继续合同）或者不足的（终止合同）。你应当最大限度地明确续约条件，如果有任何疑虑应该提前指出；对于可能要终止的合同须预先警告，但预留一定的时间进行改进，并为其提供足够的监督、支持、指导和培训。框2.2举例说明如何就终止合同提出预先警告、目的、目标和时间表。当然，你首先应该与成员进行面对面的沟通，然后再提供书面确认并存档。正式程序可咨询人力资源顾问。很可能只有在一次或多次正式会议上达成并签署了明确的协议文件，并且已经清晰地列出了继续合同必须满足的条件，你才能合法地选择终止合同。在做出终止合同的决定后，你的人力资源部门应该帮助该成员制定另一条职业发展道路。

框 2.2 示例信函：关于续签 / 终止合同的决定以及续签合同需要满足的条件

项目进度，2018 年 10 月 1 日

亲爱的［Albert］：

您的初始合同期为 12 个月，目前您已经作为博士生工作了 9 个月时间。到明年 1 月之前，我需要考虑您在 4 年内完成博士论文的可能性，您的导师和我将会决定与您续签合同的时长，最长为 4 年。

在您工作 6 个月时，我与您以及人力资源部负责人进行了会面，评估了您的工作进度，并列出了 7 ~ 9 月的改进计划。近期我们又一次碰面，评估您在过去 9 个月中的进展情况。以下是我们这次会议的纪要：

1. 积极的方面［参考行动计划］
   ［此处列出进展顺利的部分］
   ［描述有所改进的点］
2. 消极的 / 需改进的关键方面［参考行动计划］
   ［失败的点］
   ［没有改善的方面］
3. 未来 3 个月的行动计划，包括：
   ［采取明智的行动，即具体的、可衡量的、可接受的、现实的且有时限的］
   ［每周会面，以获取所需的支持］

最迟在 12 月 29 日之前我们将再次评估您的进度，就该项目做出续签或终止合同的决定。我需要强调的是，依照目前的情况，终止合同的可能性仍然存在。

祝好。

［Ben］

签字	签字	签字（已阅读完上述内容）
Ben 主管	Ann 导师	Albert 博士研究生

由于种种原因，博士生和博士后的生活可能会非常繁忙（见第 1.5 节）。有些人可能会发现自己很难甚至根本不可能与你分享他们的问题和焦虑。作为主管，你的首要责任是确保每位队伍成员都能够良好发展。如果他们轻松愉快地工作，发展起来会比较容易；而如果他们总是隐藏问题，发展起来则会比较困难（或者非常困难）。你需要创造一个良好的文化，让人们能够在为时已晚之前与你沟通交流。你需要仔细倾听，提出一

些开放性的问题，核对自己是否正确地理解了信息，询问是否还有别的疑问，保持同理心，并使用你的耳朵去听、眼睛去观察、心灵去理解，尽可能站在他们的立场上去思考问题。你需要认识到，人总是会不由自主地将自己的经历和解决方案投射到对方的身上。所以要警惕自己的偏见和成见，不要过早地做出结论、判断或指责。你可以考虑向其他人寻求帮助：高级研究员、人力资源顾问、专业的心理学家以及保密顾问。同时，做好准备面对真实的自己，也许你自己需要学会去表现出更多的同理心，或者提高你的沟通或管理技巧。某种程度上，一个团队成员的失败也反映出你和团队的问题。为自己寻找一个导师，参加一些课程，你的人力资源顾问可以为你提供一些选择建议。不断学习，不断进步。

在做出续签合同的决定之后，可能还会出现各种各样的新问题需要你采取行动去解决（如某些与行为、表现或不当行为相关的严重问题）。人力资源主管可以通过多种非正式手段帮助你解决问题，可能包括内部或外部的指导、训练、审查、建议和调解，你们有权挑战彼此的观点。通常这些手段会优于直接调用正式程序。

培训和晋升政策

应该对博士生和博士后的职业前景进行讨论。对于博士生来说，这在最后两年是必须进行的，但是建议在更早的阶段对未来的职业选择进行思考。你需要帮助他们认识到，他们的才能可以在社会上的哪个领域发挥作用，那就是他们能够找到下一份工作的地方。对学术界内外的工作机会和策略进行探讨，以便他们在博士期间能够完善自己的履历。制定包含具体行动要点的计划。对于博士后，与他们讨论为自己的研究方向寻找资金支持的策略以及如何实施这些策略。要讨论的问题还应该包括如何在其所在领域以及其他领域建立潜在合作者的关系网，以便更好地为自己寻找机会。他们可以申请哪些小型或者大型的国家或国际科研基金？哪些组织能够为他们提供最佳的职业前景？

给你的团队成员足够的时间，让他们去探索潜在的职业机会。例如，可以让他们参与一个关于职业前景的练习（表 2.3）。

表 2.3 格罗宁根大学博士生职业前景讨论步骤示例

为博士研究生生涯做好准备		
入学前	参加博士入学前课程，撰写自己的博士项目	
第 1 年	介绍研究生院	
	职业意识培养计划	
	学术界内	学术界外
第 2 年	介绍学术界相关职业	介绍其他职业
	丰富个人履历，与科学家们会面	丰富个人履历，与校友们会面
第 3 年	撰写个人发展计划	
	学术技能	其他技能
第 4 年	人际关系网和拜访	对接和实习
	撰写基金 / 工作申请	撰写工作申请
毕业后	学术界的工作	学术界以外的工作

注：博士研究生可以同时着手准备学术界内外两条路径，制定 A 计划和 B 计划。

在你的团队成员项目即将结束时，你需要支持他们，认真地为他们撰写言辞诚恳的推荐信。如果项目尚未完全收尾，例如论文稿还需要进一步修订，那么一定要就由谁来做什么以及在什么时间完成等问题达成一致。或者，你可以为团队成员提供短期无酬劳合同，让他们作为客座研究员继续工作（如零工时合同），以便这些前团队成员能够保有权限继续使用他们所需要的东西（如访问专有数据、修改稿件的计算机设备以及他们长期使用的电子邮箱地址）。作为团队领导，你应该确保前团队成员在离开时，顺利交接与团队研究相关的所有数据、软件、方法以及其他有价值的项目，你（或者你团队中的某个人）完全理解这些内容与什么相关并且知道从何处找到它们（可能需要完成或修改稿件）。理想情况下，新的团队成员应该在上一位成员结束工作后的第 2 天就能开始工作，甚至两者之间可以有一段时间的重叠。实验记录本，包含数据、软件和方法的基本背景信息的任何其他文档和手册都应存档。另外，所有的电子邮件内容也应保存几年时间。

与离开团队的成员保持联系，你永远也不知道未来是否有一天，你们会以什么样的形式再次结成互利的合作。他们可以成为你最好的代言人、合作者、工业或慈善赞助商、毕业生的雇主，甚至在遥远的未来成为你的直接上司。谁知道呢？

对于离开团队的人，在他们下一份工作开始之前可能会有一两个月的无业期，你可能可以为他们提供一个解决方案。如果你有一些闲钱和一些需要完成的任务，一份短期的带薪合同可能是一个很好的解决方案。但是首先与你的人力资源部门核实一下是否有法律方面的问题（表 2.4）。

表 2.4　项目结束期间一些必需的人力资源流程示例

项目结束	
1	撰写推荐信
2	合同终止相关问题（解除雇佣关系、电子邮件访问权限等）
3	将相关资料存档（数据、软件等）
4	就未完成的工作达成一致（论文等）
5	注销身份
6	保持联系

注：颜色表示由谁主要负责该项事务，你（黑色阴影）或人力资源部门（灰色阴影）。

一名年轻团队领导者的轶事

为高影响力的文章付出高代价

我获得了一项重大基金项目，因此可以招聘一名博士后为我工作4年。在众多候选人中，一位聪颖的年轻博士生脱颖而出。她很快就可以完成自己的博士论文，并且正在积极备战下一段职业生涯。我与她的博士论文导师——一位知名的科学家——通了电话，确认她的博士课题已经基本完成，博士论文的终稿很快就会提交并获得批准，肯定能够在她开始与我工作之前完成。一切似乎都运转良好，于是我们签订了一份博士后合同。然后我们开启了一段共同工作的美好时光……不，事实恰恰相反。

她的博士论文导师希望她能够在一本高影响力的杂志上发表论文的最后部分。因此他决定延后批准她的论文，直到稿件被杂志接受为止。她需要为此做很多额外的工作，但当时她已经是我的博士后了。这对她而言压力很大，对我和我的项目来说也非常困扰。事实上，要同时进行这两项重要工作基本上是不可能的。当她最终获得她的博士学位时，差不多应该离开我的团队去寻找下一份工作了。我的项目未能成功，我们都感到很不愉快。

我吸取到的教训是：我不会再聘用那些没有明确地完成之前工作义务的人士。

试一试

你是一个大型组织的成员，这项任务要求你通过两种方式更好地了解你所属的组织。首先，你和你的团队成员需要遵守哪些明确的人力资源规则和流程？其次，还有哪些隐藏的或潜在的人力资源规则和流程，塑造了你所在的组织及其目前的行为方式？查阅你所在大学互联网及内网上相关的文件，咨询人力资源工作人员，以讨论你是否已经完全理解以下所有任务中的流程和规则。

了解本校在聘用博士生或博士后人员中人力资源规则和程序的更多信息

■ 需要几封推荐信？

■ 需要多少员工参与候选人短名单的筛选，以及如何进行（例如，基于明确的标准进行独立评分，并对结果进行电子化的存储）。此后是否会在小组会议中对不同意见进行讨论？

■ 招聘博士生或博士后的空缺岗位时，面试小组如何组成？是否有来自不同研究所或学系的成员？是否有至少 1 名男性或至少 1 名女性小组成员？还有其他的指导方针吗？

■ 新职位的试用期有多长？在试用期结束时，你需要采取哪些步骤才能决定终止合同？

了解本校在任命研究助理或支持人员中的人力资源规则和流程的更多信息

■ 岗位重新配置的规则是什么？内部候选人只是可以申请职位，还是应该被优先考虑？

了解本校在项目全过程中的人力资源规则和流程的更多信息

■ 评估面谈：提供哪些表格、说明和培训课程？

■ 表现不佳的团队成员：哪些文件概述了团队成员和团队领导的权利和义务？需要采取哪些步骤，以及哪些人应该参与到评估过程中？

了解关于人力资源提供的培训课程的更多信息

■ 你可以参加的领导力发展评估或课程。角色扮演非常有助于发现你需要改进的方面，尤其是如果能够观看自己角色扮演的视频。

■ 为你的团队成员开设的技能和职业前景培训课程。

■ 为你和你的团队提供辅导、训练和咨询。在什么情况下你会如何安排此类辅导（如当你成为团队领导，你是否能够为成员安排导师，以及是否有顾问能够帮助解决冲突）？

了解有关贵组织的使命和愿景以及可能影响你的研究的其他人力资源和人力资源相关政策的更多信息

■ 讨论通用数据保护法规：如何管理和处理个人的隐私数据？对违规行为的处罚是什么？

■ 检查关于多样性、平等和包容性的政策。检查你团队网站和大学网站上的文字、照片和视频：基于网站上提供的信息，关于政策的有效性可以得出什么样的结论？

■ 有哪些措施促进跨学科工作的进行？如果需要将你的团队从一个研究所 / 学系体转移到另一个（如果这种转移有利于你团队的研究），需要怎么做？

2.3

财 务

作为项目负责人，你需要编写项目计划，确定成功实现项目的科学目标和发挥其影响所需的人员、设备、差旅、可能的出版物或专利以及其他项目。在项目运行期间所有费用由你全权负责，尤其需要保证在项目结束时财务上没有负债。在项目运行中可能会产生大笔支出，比你常规的内部预算要高得多，因此你会担心自己是否能够为如此大笔的资金负责。关于直接和间接成本、付款时间、物资购买、资金流动性规划以及其他任何财务问题，你所在研究所、学院或大学的财务人员、项目控制人员、基金管理人员和采购人员是这方面的专家，你可以向他们寻求建议和支持（表 2.5）。

表 2.5　可能与项目相关的直接和间接成本

直接成本	
招收新员工	博士生、博士后
其他员工	项目领导者（你）以及长期技术人员
差旅、住宿、生活津贴	符合你所在大学的常规做法

续表

直接成本	
物品和服务	实验室消耗品、耗材、计算机
设备、小型基础设施、资产	折旧费、租赁费、以货代款、支付款
大型基础设施	运营成本
传播费	文章编辑费用、开放获取出版物的发表费用
知识产权保护	商标、注册、专利
间接成本	
人力成本	孕产假或长期病假员工的替换
失业	正在寻找下一份工作的博士或博士后，大学可能需要为其提供社会保障津贴
物业	办公空间、机构的案头费、实验室空间
管理费用	主席和理事会，行政，公共关系，教学服务，图书馆等。也称为“设施和管理”［F&A］

项目准备

财务人员会帮你计算人力成本、管理费用及其他成本。项目预算会包含总成本和各项条目的具体分配。财务人员还会进一步解释基金资助机构的正式指南，并可以履行如下职责：

■ 解释基金资助机构关于直接和间接成本的规定，并提示哪些成本可以从基金中支出。

■ 就项目开始前产生的所有费用提供建议；除非指南明确允许，否则该费用通常不予报销。

■ 告知采购规则（即你和你所在的单位只能通过公开招标程序购买物资，所有的外部方都可以参与投标）。这通常适用于购买标准材料，如实验室耗材或任何需要使用的大型耗材。

■ 帮助你从独立供应商处获得所需购买或租赁的主要物品或服务的报价。你需要确保你花的钱是物有所值的。他们可以帮助你避免利益冲突，严格遵守采购规则（例如，不要从现在从事相关经营业务的前同事那里购买商品，除非你能证明众多报价中你的确选择了性价比最高的）。

■ 告知你当地有哪些种子基金可以申请，用于进行探索性研究或试点研究、对项目所需新知识的专家进行短期拜访以及撰写专业基金申请书的策略或编辑支持服务等。

■ 根据经验，招一名博士研究生的年均费用通常比聘用一名博士后低一些，但若以投入产出比计算就不一定了。此外，对于博士研究生，需要预先留好 3 ~ 4 年合同的预算；博士后则通常聘用 1 ~ 2 年（表 2.6）。

表 2.6　获得内部批准开始项目所必需的财务流程举例

开始基金项目	
1	提供正式的资助信或已经签署的合同
2	告知变更内容（例如延期）
3	检查资金是否充足（例如考虑到延期的情况）
4	从其他资金来源补充不足的预算
5	项目开户
6	授权人力资源部门发布招聘信息

注：颜色表示由谁主要负责该项事务，你（黑色阴影）或财务人员（灰色阴影）。

大学可能会因培养博士研究生而获得可观的财政奖励。要达到财务上的可持续性，大学每年需要培养至少 100 个博士毕业生。你同样会有间接获益，在某些大学，你的团队甚至可以直接分享博士生奖金（例如每篇博士论文 5000 美元）。而对于博士后，他们有更多机会获得自己的资助或者基金，因此你的团队可能获得更大的收益（大约在 10 万美元或更多，除非博士后选择带着基金另谋高就）。

在项目的生命周期内

你要为项目过程中的资金流动负责，好在财务人员会帮你完成大量的预算管理工作。例如，他们可能会：

■ 为你的项目开设账户，进行财务管理。

■ 指导你如何存档所有的发票、工资单和其他证明你支出的文档。

■ 指导你如何填写时间表，以证明你和 / 或你的团队成员在项目上花费了多少时间以及做了什么。

■ 与基金资助机构沟通并接收账户的预付款、中期付款和尾款。

■ 在由你和保管（存储）账单并根据项目指南核对账单的项目管理人正式（签字）批准后，从该账户为项目支付账单。

■ 监控账户的支出情况，并告知你何时支出，是否支出过多或过少。例如，不要在项目接近尾声时购买新的计算机或昂贵的设备，因为随着几年中设备的折旧，资助机构可能只会报销部分购买费用。项目结束后，你通常无法再提交任何费用。除非在项目合同中有明确允许，否则这些费用将无法报销。

■ 准备你（或者他们）需要提交给资助机构的中期报告中的财务部分。

■ 定期通知你关于启动资金（如果有）以及你其他项目的财务状况。

他们还可能会告知你研究所提供的年度或其他财政支持（例如常规旅行预算，教学奖金，知识产权的使用费等）。你需要随时对资金流动（流入和流出）以及总体的财政平衡有全面的了解。

■ 从项目以外的其他账户支付团队成员的合法缺席的工资成本，从而防止你的项目浪费资金而不取得进展。例如育儿假、延长病假或者因照顾亲属请假期间。不幸的是，目前一些国家还没有正规的产假、陪产假或护理假（表 2.7）。

表 2.7　项目运行和结束时一些必需财务流程举例

运行项目	
1	归档所有财务交易的证明
2	填写时间表
3	对变更进行报告（例如项目延期意向）
4	重新预定主要的缺勤成本（例如育儿假）
5	监测预算支出，给予建议 / 警告
6	向资助机构提交财务报告和发票
结束项目	
1	准备终版财务报表
2	确认终版财务报表中的各项成本
3	向资助机构提交终版财务报表
4	解决残留的资金问题（短缺或剩余）
5	收到尾款后关闭项目

续表

结束项目	
6	协助财务（外部）审计人员工作
7	回答审计人员和资助机构的询问

注：颜色表示由谁主要负责该项事务，你（黑色阴影）、财务人员（灰色阴影）或你们双方（白色阴影）。

有时你可能希望或者需要对项目计划进行修改。在写好基金方案以后，可能本领域又有新进展，出现了新技术，某些项目的成本发生了变化，或者只是因为你发现了更好的办法来实现你的总体目标——在某种程度上，研究项目总是会有一些不可预测的变化，因此资助机构通常是允许你对原始计划进行更改的。因此，他们也允许预算的变化。虽然不太可能进一步增加预算，但是通常来说你可以在同一预算类别内，甚至不同预算类别之间进行预算的转移——但是在这样操作之前，一定要获得资助机构正式的许可。

你应该明智、有效地使用你的资金，这一点是不言而喻的。资助机构可能会为访问其他实验室或者参加会议支付酒店和差旅费用，但是如果在之后你去度假，不要为之申请任何费用报销。一定要将业务开支与个人开支分开，不道德地使用任何研究经费都会使你陷入麻烦。

增加额外资金

即使在与资助机构签署了合同并且项目预算已被接受之后，仍有办法去“挣”一些额外的资金：

■ 如果你购买的基本设备仅在部分时间使用，或使用低于折旧时间，资助机构可能只会支付部分成本，但是你可以将设备以收费形式提供给第三方使用。

■ 经资助机构许可后，项目成果可以被保护、授权许可甚至出售给第三方。这可以产生一次性的或者连续性的收益，例如版税收入。当然，所有的版税收入都应该支付到你的研究账户中，因为这些收入来自你的工作（参考你的大学关于分享收益的规则）。事实上，你的文章和书籍都受到版权保护，向出版商提供出版许可，出版商可能会向你支付撰写的书籍或章节的版税。

■ 你还可以向其他机构申请小额基金来安排研讨会，或者你可以鼓励团队成员自行申请旅行津贴。这样你可以节省一些项目资金，或许可以将其花在其他活动上。你还应该让团队成员去申请奖项，获得某些奖项可能会让他们可以参加相应的会议，并且让他们的简历看上去更漂亮。

■ 如果你的薪水部分或者完全从基金中支付，而你又在大学中担任某个职位，例如终身助理教授，那么你可以为大学节省下来所需要支付的工资。你应该尝试与大学协商将这部分资金保存在与基金分开的单独账户中，这样即使在资期助结束以后，你还可以自由使用。

■ 资助机构通常允许那些获取了大笔个人基金的研究者将其转移到另一个条件更有利的研究所，例如有更好的设施、顶级的研究者，或者有较高的研究启动资金以提供更好的财政支持。一旦你获得了一笔巨额资助，其他大学可能会争取让你加入，或者通过提供一些比你目前所在的机构能提供的更具吸引力的（财务）条件来吸引你。你可以利用这些机会来与目前所在的研究所谈判，以获取更多的财政支持。这是雄心勃勃的目标。但这同样会有一些负面影响，可能会使你现在的以及未来潜在的雇主认为你缺乏忠诚度。

财务壁垒

财政事务同样会带来很多风险。博士生的直接费用可以由基金支付，但间接费用不能；因为资助机构可以很简单地驳回这些额外费用的报销申请：即使没有这个项目，这些额外费用（例如，行政人员的工资和办公空间的成本）也同样会存在。但你所在的研究所可能会向你收取这些管理费用，因此你的项目资金会比你想象得消耗得更快。另外，基金可能只为博士生支付两年的直接费用。为了完成你的项目，你可能需要再申请另一项基金。

如果各机构之间的财务是完全相互独立的，那么财政事务可能会存在重重障碍，导致跨机构合作更加困难。如果当地政府会为每位博士生的毕业提供额外的奖金，那么谁应该获得这份奖金：大学，你所在的学院，你所在的研究所，还是你自己的研究小组？此类奖金的数额可能相当可观，应该在一个新的博士项目开始前就商议好归属。如果资助机构只为博士生和博士后支付薪水，而不覆盖长期工作人员（毕竟大学已经为这些人支付了薪水），跨机构合作也可能会出现问题。如果某一研究所的一名长期工作人员花费时间（例如，主管）参与了该大学另一个研究机构正式管理的项目，那么后者应该负担相应的人员费用。尽管在大学层面上，该项目的财务是平衡的（由大学向主管支付费用），但是会导致一个研究所资金富余而另一个研究所出现财政赤字。这种短期的“输赢”不均衡局面，可能会阻碍不同研究所或院系之间的合作，并可能导致双输局面，即与双赢局面相比，启动跨机构合作项目获得的基金拨款减少，整个大学所获得的资金也减少。作为组织中的团队领导者，你必须通过协商谈判为你的团队和大学争取最佳的条件。

经济价值

你的项目所产出的成果，其用户及终端用户是谁？他们为什么需要或者想要你的成果？这些是在项目开始前、进行中以及结束后你都要问自己的基本问题。站在用户及终端用户的立场上深入思考，尝试替他们估算你的研究成果的经济价值。然后思考，你是否应该继续免费分享成果，还是应该要求付费？如果你为一家商业公司提供咨询服务，你应该仅仅收取工作时间的报酬，还是应该要求获取利用你的成果产生的效益的一部分分红？你可能开发了一些软件，你是否可以将其售卖给多方产生一笔资金流，这样你就可以雇人来维护软件和硬件，为用户及终端用户提供支持，并且进一步升级软件（这也是符合所有购买者利益的）？考虑是否需要签订进一步的协议（第 2.4 节）和 / 或保护商业利益（第 2.6 节），并参考下面的轶事。

一个博士后的轶事

不属于我的香槟

我的办公室所在的校园里有一家创业公司，这家公司所做的事情很酷。有一天，我遇到了这家公司的一位主管，我们讨论了他们公司新技术遇到的瓶颈。我认为我可以编写一些软件来解决这个问题。非常高兴和自豪的是，我收到了他们的合作邀请，很快我们就签订了一份简单的咨询合同。按照合同，我工作时间的报酬将会支付给大学。是的，只花了 10 个小时我就解决了他们的问题。我在所谓的“线性有限混合模型”方面积累了 5 年的专业知识，并具有在软件中实现这些模型的经验，正是该公司所需要的。这正是这家创业公司在大力推广其技术方面所需要的突破。这位主管告诉我公司所有人都非常高兴，并向我展示了员工为庆祝这一里程碑而干掉的香槟酒。在为自己的工作感到自豪的同时，我开始意识到我和我的主管是多么的天真：我们没有香槟，只有为我 10 个小时工作支付的一小笔报酬，而没有分享公司现在创造的巨额收入。除此之外，公司还禁止我公开发表这项突破背后的研究创意。我不会再让这种事发生在我的身上。

试一试

你需要对你的项目预算和支出负责，并且不想在这个问题上冒险。但是你真的知道哪些费用是合规的，哪些违背了你所在大学以及为你项目提供基金的资助机构的规章制度吗？找到以下问题的正确答案（向你的财务人员寻求帮助）。

■ **香槟**。为了庆祝项目最新的重大成果的发表，你开了一两瓶香槟，谁应该为此买单呢：你，资助机构，还是你的大学？在周五下午的鸡尾酒会或者小组茶会上供应的食物和饮料呢？

■ **预订机票和酒店**。你的团队成员要去国外参加一个会议，这个行程已经在项目计划和预算中写明。你可以直接自己预订机票和酒店吗？还是说需要遵循正式的授权程序，和/或使用指定的旅行社，以保证费用可以报销？你是否可以报销所有的日常生活费用（例如用餐，出租车，酒店等）或者只能报销一定限额？例如一等座的火车票或者商务舱的机票是否能报销？

■ **购置笔记本电脑**。你想为团队成员购置一台新的笔记本电脑，供应商提供了一个特别报价。你可以直接订购吗？了解一下你的大学关于购买的规定，是否有采购规则？

■ **购置高级设备**。你的项目正在稳步推进，4 年的期限已经过去了两年，你有一些材料需要进一步的分析，为此你需要一台耗费 5 万美元的设备。资助机构是否会完全支付这些费用？它的折旧时间可能是 4 年，那么最终你是否会产生 2.5 万美元的财政赤字？

■ **壁报印刷、论文编辑和出版、专利申请**。你的项目会常规产出一些壁报和开放获取的论文，这需要花费很多的资金来制作。你是否能够通过项目进行报销？通过申请专利来保护你的知识产权所产生的所有支出，是否能够报销？

■ **加班**。你的团队成员每周工作 60 个小时，他或她的所有工时都由你的项目来付款吗？如果大学与各个州之间的劳动合同仅为每周 40 个小时，又该如何处理？

■ **工作相关时间**。你花在项目准备上的时间（在项目正式开始之前）是否能够计入工时？花在准备会议上的时间、参加一般性而非专业的科学会议、旅行、旅行期间的工作电话以及监控或执行某些实验的周末，这些时间是否能够计入工时并由项目基金支付报酬？

■ **两个或多个项目**。如果一个团队成员同时参与了两个或者更多的项目，你是否必须填写时间表？如果需要，应该填写到多详细的程度（时间单位）？应该多久检查 1 次并签字？由谁来签字？

■ **内部政策变更**。如果在项目进行过程中，你的大学改变了间接或直接成本的内部费率，会有什么后果？如果因此导致了财政赤字，应该由谁来负责？

■ **货币兑换**。你的项目通常是在估算成本的基础上进行 1 年或更长时间的预算。但是如果发生以下情况你应该怎么做：十分不幸，因为汇率发生了不利的变化，你需要购买的东西较之前变贵了很多；或者你的资助机构位于另一个国家，受汇率变化的影响你得到的资助金额发生了变化，该怎么办？

2.4

法律事务

如果你和其他人一起工作，你可以单纯地相信他们的蓝眼睛和友好的面孔，与他们分享你高明的创意以及其他很多东西。这一切可能都会很顺利。但是，就像在婚姻中一样，当事情进展不那么顺利的时候，可能需要签署一份协议。因为你可能与不同的人或组织合作，你很快就会签署一系列不同的协议（图 2.1 和表 2.8）。

准备这些协议就是专门的法律事务人员的工作，他们将指导你完成从预先通知到最终协议签署的一系列步骤（表 2.9）。

所有这些协议的一个共同要素是保密性以及现有的和新的知识产权的所有权（框 2.3）。这对你和你的同事意味着什么？

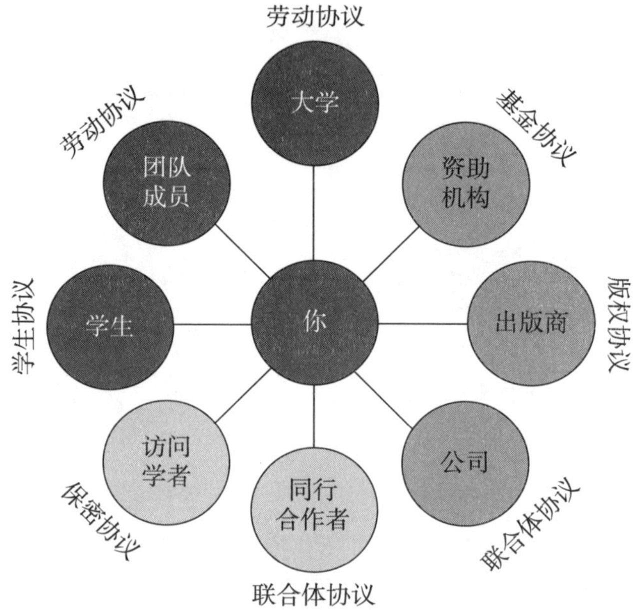

图 2.1　与你共同工作的不同合作方以及为明确意图、期望、权利和义务所需的协议类型举例

注：基于大学的合作伙伴（黑色），同行合作伙伴（浅灰色）和第三方合作伙伴（灰色）。

表 2.8　不同类型的协议及其所包含的条款概览

通用条款	
协议参与方	需非常明确谁参与了协议而谁没有
期限	协议开始和结束的时间
法律	该协议适用于哪个国家的法律
违反协议	行政和财务上的处罚
解除协议	在何种情况下可以解除该协议

续表

保密或不披露协议（NDA）	
保密信息的类型	保密信息可能覆盖任何类型的信息，尽可能完整、准确、精确地描述信息
允许接收方披露保密信息	例如，如果通过其他来源或公共渠道合法获取相同或类似信息的情况下
接收方对保密信息的使用	明确接收方可以使用什么信息、如何使用、何时使用以及使用多长时间
严格保密	谁需要并且能够收到这些信息？各方都应该签署保密协议吗？这些信息应该如何存储？
基金协议（包含以上所有条款）	
研究计划	对工作内容、时间线以及预期结果进行详细描述
开发计划	保护知识产权；资助机构有权反对将知识产权转让或许可给其他方
传播计划	出版物和数据是否开放获取的？是否延迟提交论文以保护知识产权？
监督流程	发送科学和财务报告，任何会影响协议的情况及时通知资助机构
财政补偿	规定合理费用、报销费率、付款时间表；制定采购商品、工程或服务的规则
基金的可转移性	如果你更换了研究单位会怎么样？
致谢资助机构	准确描述应该如何以及何时向资助机构致谢
联合体协议（包含以上所有条款）	
分工明细	尽可能详细地描述各方的角色和任务

续表

联合体协议（包含以上所有条款）	
已经存在的知识产权	列出联合体能够使用和不能使用的知识产权
新（联合）的知识产权	概述新知识产权的所有权和访问权限。如有需要，延迟出版物的发表以保护知识产权注册
行政管理	管理各机构，包括其职责和表决规则；明确如何解决争端
沟通	如何以及何时进行沟通和会面；需要提交哪些信息、表格和文件，以及何时提交
财务	资金的划分、时间安排以及分配
意向书和备忘录（MoU）	
共同兴趣	当所有各方都明确表示有意愿筹备或执行一项联合活动时
延续或解散	一份列出了可能导致延续或解散的情况的声明

注：所有协议都从一些通用的条款开始。保密协议描述了如何处理有价值的信息。基金协议描述了资助机构向你提供什么，并期望你提供什么作为回报。这些协议中通常都包含有保密条款。联合体协议描述不同的团体之间如何合作，例如你与其他大学的同行为了一个共同的目标而合作（通常由基金资助，其中一方为协调者或负责人，另一方是合作者）。

表 2.9　获得由资助机构签署的项目协议的必要流程举例

准备合同	
1	提前通知
2	提供合同细节（资助机构，参与方，知识产权等）
3	内部机构批准（财务部门等）

续表

准备合同	
4	评估参与方（法律、财务、伦理问题等）
5	就合同要求提供建议
6	就收到的合同草案进行修改或建议
7	谈判和修改合同
签署合同	
1	法定代表人批准（例如，院长、校长）
2	各方签署补充条款（例如，主办方协议）
3	大学法定代表人签字
4	完善并提交签字的文档
5	资助机构签字

注：颜色表示由谁主要负责该项事务，你（黑色阴影）或法律事务人员（灰色阴影）。

框 2.3 知识产权的范畴（IP）

知识产权包括专有技术、创意、概念、发明、改进方法、产品、文本、照片、图像、视频、音乐、其他艺术品、软件、数据库、访问权、商业或融资机密、其他机密信息等，它可能受到版权、商标或专利的保护。

■ **你和你所在的大学**。你所签署的工作相关协议中，最重要的就是你与你的雇主——大学之间的“劳动协议”，也就是你的“聘用合同”，它描述了雇员和雇主的权利和义务。享受学术自由是你的权利（或者说特权），你可以根据自己的想法去工作，并且从建筑、实验室、信息技术基础设施、同行互动、支持人员、学生、管理以及大学的名气和声誉中获益。然而，你同样有义务为了大学的利益适当地保护与你的创意相关的权利。首先，你必须对自己的新创意以及其他有价值的信息保密，并让你的整个团队都牢记这一点；其次，及时向有关部门通知和报告；再次，将你的知识产权转让给大学。仔细阅读你的劳动协议，看看自己还签署了什么条款！如果你同时担任另一所大学的访问学者或者名誉教授，或者你在几所不同的大学或一所大学和一所商业公司同时有两份或两份以上的兼职工作，情况会怎么样？你的创意可能来自任何两个单位之间的协同作用，这两个单位可能分别列出了不同的义务、需要遵守的流程和规则。理想情况下，双方应该通过对你的两份劳动协议进行补充，提前解决这些细节问题。

■ **你和资助机构**。资助机构为你和你的工作提供资金，它会表明希望你以何种方式实现投资回报。资助机构可能会希望了解你对于保护或者开发你的知识产权的相关计划，因此它会希望针对项目可利用的知识产权（即现有知识产权）和项目期间产生的知识产权（即新知识产权）有一个完整而明确的声明。资助机构还可能希望成为知识产权的共有者之一，和/或分享知识产权可能带来的潜在收益，和/或享有反对某些知识产权开发的权利（例如，反对你将结果授权给某一方）。

我们都习惯于在一定程度上对我们的研究创意保密，以免影响未来的结果发表。在会议上过早地公开分享一个高明的研究创意，可能会让你的竞争对手通过合法途径了解它，甚至可能先你一步发表论文。研究创意是自由的，无法被保护。有时候这会让你陷入两难的境地，因为与同行讨论你的创意将有助于你更好地解决细节问题，并且可以听取他们对你的反馈。但是，与他人分享任何细节，甚至是一个很小的点，都可能使得你失去为你的高明创意产生的成果申请专利的机会。如果因为没有提前考虑到这一点或为此做好准备，最终无法发表出版物或者申请专利，那就太可惜了（更多关于专利的内容参见 2.5 节）。

无论你对于学术透明、开放研究、开放数据以及开放获取权限有着多么强烈的信念或者不得不接受，保密问题对于结果出版仍然是非常关键的，必须予以考虑，对于法律、商业、医疗或伦理原因（例如需要保护人的隐私）或解决公众关注（例如可能被制成武器的危险生物材料）也是如此。你还应该注意的是，未发表的资料、项目标书的草案、对于文章和标书的评审报告、团队表现的评估报告、团队/院系或大学的策略文件以及求职者的姓名和邮件都应该被视为保密信息。

事实上，你同你的大学签署了劳动协议（公共服务合同），同资助机构签署了基金协议，然而事情还远远没有结束，还有很多人会参与到你的研究过程中。

■ **你和你的团队成员**。你为一个或多个项目招募了团队成员，如果他们是和你一样的员工，他们也会签署一份工作合同。你的团队可能会同时运行多个项目，来自一个项目的研究人员会在小组会议时或者当他们审阅彼此的文章草稿时了解到其他项目的进展情况。对他们来说，可能很难看出对于他们参与的项目而言保密性在何时、何种情况下至关重要，更不用说他们没有正式参与的其他项目。你是否与他们分享了项目协议中关于知识产权的部分，并与整个团队进行了讨论？你是否和他们讨论了工作合约中关于知识产权部分的意图和含义？作为团队领导者，你有责任在这方面提高他们的意识、对他们进行教育，这不是一劳永逸的事情，而是需要不断进行。

■ **你和你的学生**。你的学生们会作为团队成员工作几周或几个月的时间，在团队中完成学士或硕士论文项目，并参加小组会议，讨论其他人研究项目的进展。学生需要遵守很多规则，他们可能对这些规则有一定了解（这一点值得检验），但是可能不清楚具体的细节。因此，你需要对研究成果的保密性和所有权非常清楚，并在他们加入团队时对此进行讨论。在他们准备报告或演示文稿的时候提供帮助，指导他们在与外部人员会见、在展示壁报或者在外部活动中发言时注意保密问题。学校针对学生的政策文件他们必须遵守，因此要向他们展示。有时一些在其他大学正式学习的学生可能会到你的团队实习（例如在暑假期间），其所在大学的规章制度可能和你的大学有所不同。也需要让这些人签署适当的（适用于学生的）保密协议或不披露协议。

■ **你和访客/访问学者**。一些来自团队以外的同行在参与本团队或部门会议时，哪些内容应该被视为保密内容可能会更加不清楚。他们可能只是单纯为你的某些研究想法感到兴奋，于是在其他的地方使用或分享，例如即时分享在推特或者其他社交媒体上。其他大学的科学家也可能会来访问你的团队。他们可能年轻且缺乏经验，也可能是年长且备受尊敬的。他们可能会停留 1 天、1 周或者几个月的时间。他们会将自己在这里学到的东西带走。不像你和你的团队成员已经在工作合同和补充条款中规定了保密义务，这些同行没有签署合同，因此也没有保密义务。因此你应该非常清楚你和你的团队成员可以与他们分享哪些内容。如有必要，也可以请访问者到来时就签署一份保密协议或者不披露协议。

■ **你和你的同行或公司合作伙伴**。你的团队可能会与来自多个大学和/或公司的科学研究者合作，进行由 1 个或多个不同机构资助的项目。当你和其他人的想法互相碰撞，可能会产生新的创意火花。项目协议或联合体协议中会写明谁通过保密的知识产权（现有知识产权）带来了什么，以及新的创意（新的知识产权）属于谁。当你要领导或参与合作项目时，学会阅读和谈判项目或联合体协议。

■ **你和出版商**。科学期刊或出版商会详细说明，作为一篇文章的作者或者想要阅读你的论文或书籍的人需要具备的条件。这些条件决定了你文章的开放程度，你应该在投稿前仔细检查。这些条件可以作为你和期刊/出版商之间的许可协议。但一定要检查你的操作自由：你的雇主或资助机构可能会接受某些许可（例如，开放获取的绿色模式，见第 3.2 节），也可能拒绝某些方式（例如，收费获取文章）。科学出版社可能会要求对你的文章或书籍的最终版本（印刷版或 PDF 版）或者其全部权限享有专有权。他们将通过出售这些书获得收入，并可能为图书销售提供特许权使用费。请阅读第 3.2 节中关于许可模式的更多内容。

报告想法的义务

任何创造性的工作，从你最初创意的大纲到最终实际的成果，都应该受到版权、商标和 / 或专利的恰当保护（见第 2.5 节）。一旦你“合理推断存在与创造性的工作相关的问题”，你就有义务向你所在大学的相关办公室报告这项工作[1]。然后，他们会评估你的创意或者工作的性质，并可能计划或要求你计划进一步的行动。对于某些创造性工作，要求的进一步行动是相当标准化的（例如，在文章、书籍或其他出版物上正确体现你的名字和所属单位，这样你就会被认为是该作品的创造者 / 作者，也提高了你所在大学的声誉，而这对于你也是有利的）。还有一些类型的创造性工作可能需要更多特别的行动。例如，你开发的软件可以在获得许可后免费发布或者收取费用，这可以成为维护软件、提供用户支持或进一步开发的资金来源。你创建的品牌名称、域名或标识都可以注册或成为商标（但需要符合你所在大学的政策）。最后也是最终要的一点是，负责知识和技术转让的工作人员可以寻找申请专利的机会（这也是非常流行的一种额外资金来源），所以你应该在早期就通知他们并且让他们参与进来。专利申请必须注明你的所属单位（在大学排名中，专利和一般出版物同等重要）。但是，由于涉及投资和回报，除了知识产权归谁所有之外，还有很多问题需要达成一致（见 2.5 节）。

1 荷兰大学集体劳动协议；参见“拓展阅读”。

权利转让

你可能会把自己当成一个企业家，正在经营自己的科研“生意”，因此理应得到所有的荣誉和收入。但实际上，你更像是大学旗下的一个特许经销商，而持有股份的成本是巨大的（远远超过你的薪水和所使用的设施）。这保证了知识产权会全部或部分从雇员转移到雇主。而你仍然会被认为是知识或技术的创造者或发明者（这是道德层面的权利），而相应的收入会在你和大学之间分配。通常情况下，大学将首先获得为知识产权进行的申请 / 注册、维持和保护所支出的费用的补偿，其余的收入可能被分配给发明者（包括学生）、研究团队、教职工和大学（例如，每一方获得 25%），资助机构和其他相关的第三方也可能会要求分享一部分收入。

如果在合理的期限内，大学未使用转让的知识产权，那么你可以收回。在这种情况下，你和 / 或你的研究团队可以进行注册，由你们首先获得保护知识产权的补偿，而剩余的收入可参照你所在大学的标准分配模式，分配给发明人、研究团队、教职工和大学。

始终保持机密

在文档（包括报告、幻灯片和电子邮件等）中标注“保密”甚至“严格保密”水印，或者将其放在页眉或页脚中（请参阅 3.5 节中的电子邮件免责声明）。你也可以口述某些信息应该被保密，但是这样的口头陈述应该在 1 ~ 2 周的时间内以书面形式陈述，这样你的信息才具有法律效力。说某些信息是“保密的”，意味着该信息至少不应该被公开发布，但是谁可能真正看到它和 / 或使用它（保密圈内），而谁可能不会（保密圈外）则并不清晰。而“绝对保密”则可能表示该信息仅能被你使用（即只有发送方和接收方在保密圈内），但是如果没有进一步的说明，接收方仍然可以自行解释。所以一定要明确自己的意图并且恰当地传达给对方。

版权

版权保护你的书面作品，但并不保护其中表达的思想。照片、视频和软件的版权也是如此。版权以两种方式保护你的作品：

■ 你是唯一被允许发布、共享或复制作品的人（对于作品的开发使用你享有独占权）。

■ 如果你允许他人（例如一家科学出版商）使用你的作品，那么他们（包括出版商和他们的读者）应该合理地将作品归功于你，并且他们不能以任何会损害你声誉的方式改变作品（你有道德权利，他们有道德义务）。

“某某人作品”的版权声明只有在作品并非碎片化；也不是源自他人作品的情况下才成立。作品应该清晰地显示出作者的才智、创造力或个人魅力。你需要做什么才能获得你作品的版权？答案很简单：只需要在你认为合适的时候加上一个版权标识（©）来声明版权所有，或者用“©［你的名字］”来标记你是作者，或者用“©［你的名字和日期］”来标记你开始这项工作的日期。但实际上你也可以不添加任何东西，因为版权所有并不取决于符号，而是取决于你是作品的“作者”。

在科学文献里，他人可以在自己的文稿中复制（引用或转述）你所著文章的较短片段，前提是他们合理地将引用部分归功于你并且标注了出处。较大的片段、图形、表格、图像、照片或艺术作品则只能在你或你的出版商明确允许的情况下复制，并恰当地将其归功于你，甚至可能需要付费。版权同样适用于你放在自己的网站或博客上的任何内容：未经你的许可，任何人不能重复使用这些内容；即使得到你的许可进行使用，也应该始终正确地注明其作者及来源。相对而言，他人可以自由地添加一个链接指向你的网站上的信息，因为链接被认为是一种合适的引用机制。如果他人未经允许使用了你的内容，你可以通过指控其“剽窃”来表达抗议。这包括未发布的文章和项目建议的所有版本中的内容，这些内容属于评估程序的保密范围；此内容是你的知识产权，任何人（甚至是你的同事）都不能与你所在大学和/或资助机构的保密程序之外的其他人共享。

注册商标

你为你的产品或服务所创建的品牌名称、域名或标识都可以注册或者成为商标。几乎任何名称、发音或外观都可以作为商标（实体商品由“TM”标识）或服务标记（在美国及其他几个国家注册的服务标记为“SM”），但必须排除与现有的商标混淆的可能性。两个名字即使拼写不同，但是如果外观（例如字体或颜色）或发音和现有的商标太过相似也是不允许的。在正式注册后，你就可以使用®对自己的知识产权进行标记。你需要向商标局缴纳维护费用，以保持商标有效。在同一领域，其他人不能通过注册一个在拼写、发音或外观上相似的名字来利用你的成功。

在科学领域，大多数被使用的名称都没有被注册为商标。你只需要为你创造的方法、工具或项目起一个朗朗上口的缩略词，并将其放在你的项目标书或文章标题中。只要审稿人对此没有异议，这个缩略名称就会出现在资助项目和发表文章的列表中。不要指望审稿人帮你检查你选择的注册或商标名称是否会有问题（例如，假设“ParallelX”已经被注册商标，那么如果你将自己的方法命名为“Xparallel”，就可能会收到要求你停止使用它的律师函，因为二者太相似了）。如果在论文发表后你不得不修改名字，那就麻烦了。

在许可他人使用或者将专利发明出售给了别人的情况下，商标的选择和保护就是他们的事了。他们可能会想帮你的发明起个名字，或者想一个标识；拥有名字和标识会有助于产品的宣传。

一名年轻的团队领导者的轶事

赢得一百万额外资金的项目

我认识一些来自一家领先的跨国公司研发部门的人，他们是我在某次戈登会议上结识的。他们对我的工作很感兴趣，我们一起开始了一个小项目，后来他们提出要扩大规模、长期合作，并且资助一个四人小组与我一同工作，帮助应对他们的挑战。我们达成一致，我可以发表论文，承诺为我们的成果申请专利，并且保护公司的成果不受竞争对手的影响，并且我不能为他们的主要竞争对手工作。这是一个我很难拒绝的提议。但是我意识到，我正在利用的是我的博士和博士后项目的一些创新成果。如果真的启动大规模的合作，真的能够让我继续发展和创新、提高水平，并且让我在未来仍然是公司的合作伙伴吗？我向他们表达了我的担忧，并且提出为了保持创新性我需要额外100万美元自由支配的基金，这最终能够使我们双方获益。他们同意了这个要求！

试一试

与你的团队讨论

■ **工作合同**。将合同摆在桌面上，讨论其中与知识产权相关的权利和义务部分。

■ **学生和访客协议**。和法律事务部确认他们是否提供此类协议，并与你的团队讨论其中有关权利和义务的部分。

■ **基金协议**。你的团队正在进行一个或多个受资助的项目。逐一讨论所有基金协议的各个部分，并就其对日常工作的影响达成一致。

■ **现有知识产权**。列出你所有的专有知识产权（创意、知识、工具、材料和软件等），并评估其商业价值。

■ **保密信息**。关于你的研究，你愿意在下次会议上展示哪些保密内容？详细阅读会议的相关政策。例如，戈登会议有一项“不发表政策”（www.grc.org/about/grc-policy-and-legal-mers/），以促进研究前沿的讨论和思想的自由交流。仔细阅读他们的条款，并解释你的决定。

2.5

专利事务

公众通过其所纳的税来支付你的薪水并为你的项目提供资金，同时期望你的想法和发明迟早会造福于人类。作为回报，你应该尽一切合理的努力早日实现这一目标。某些发明可以被立即应用，其他的则还没有准备好，需要你或其他方进一步开发。此类“产品”的进一步开发和后续营销可能需要巨额投资，在这种情况下，提交“没有事先发布任何有关你想法信息的专利”几乎总是可行的方式。一旦你可以实现概念证明，就可以通过专利申请为公司投资产品提供途径，这可能是实现人类真正利益的最快、最好，也是唯一的途径。

你可以为不同类型的技术和工艺发明申请专利，例如：

- 一个计算机程序
- 一个数学算法
- 一种全新的治疗适应证或靶点
- 一种特定的化合物合成过程或方法

除非你百分之百确定没有人能够复制你的发明（例如，可口可乐的配方）或者复制你的发明代价过高（例如，完全重写大量软件以绕过你的版权文本），否则申请专利就是有必要的。

如果专利被授予，它将为你的发明提供至多20年的保护。这意味着，在这段时间内你是唯一能够使用该发明的人，其他任何人在没有得到你的允许前都不能（商业化地）开发它。有了这种保护和得到你的同意，其他各方可能想要与你合作，并投资将你的概念发展为可销售的产品。如上一节所述，你应该注意，一旦你“合理推断存在与创造性的工作相关的问题”，你可能有义务向大学的官员报告你的想法。换句话说，如果你（无论出于何种原因）决定不考虑提交专利申请，你可能会遇到麻烦，比如，因为你认为这会阻止你在高分期刊上发表科学文章，而该大学的专利官员可能会认为你破坏了该大学获得大量金钱的机会。同样地，为你的项目提供资金的机构或你的项目合作伙伴可能会起诉你违反与他们签订的合同。

专利是什么？

“专利”是指对现有问题的创新解决方案的描述。专利申请描述以下内容：

- 问题
- 该领域的最新技术
- 你对问题的解决方案
- 为什么您的问题解决方案具有创新性
- 你的发现支持商业应用的举例
- 你要保护的内容，即标明本发明限制的“权利要求”
- 现有产品或流程的详细基准，以定义技术差异或其他差异。

从法律上讲，专利为发明人提供了主权国家在“有限的时间”内授予的“专有权力”，以换取发明的详细公开披露。“专业”意味着其他人被禁止进行属于专利范围内的商业活动。“权利”意味着你可以使发明商业化，例如，出售基于专利的产品或出售其使用许可。如果你的专利是建立在一项或多项其他专利之上的，如果其他专利是由他人持有的，那么你首先需要获得使用这些发明的许可。

你何时可以为一项发明申请专利？

须符合以下 3 个严格的条件：

1. **它应该是新的**。领域内最新技术的“优先权日”是最重要的，该日就是你的发明的首个专利申请提交日。你和其他任何人都不应该向任何人展示你的发明或在任何地方谈论它（不能在有外部嘉宾出席的会议或常规小组会议上），也不能在优先权日之前发表你的发明（甚至不能在会议摘要、剪报、博客或发送给外部同事的电子邮件中）。如果你必须向人们展示自己的想法（例如，为了筹集资金），则必须确保所有在场人员均已首先签署了保密协议。新的和创新的是不一样的。

2. **它应该是创新的**。根据该领域目前的状态，没有一个具有本领域通识的人（即，在你提出专利申请之时了解该领域的最新技术和文献的人）能够以简单的方式来推导你的技术或过程；你的发明不能太过显而易见。出乎意料的新组合可以是创新的，因而符合专利申请。这方面称为“新颖性”。新的和创新的与可应用的是不同的。

3. **它应该是可应用的**。你对产品或生产产品的过程的概念应足够具体，以在功能、工业和商业上相关。它可能仍处于原型阶段，但是需要扎实的概念证明。

专利与普通科学文章有何不同

未来科学文章的机密草案可以构成专利律师撰写专利申请书的基础（表 2.10）。但是，存在以下主要差异：

表 2.10　专利申请内容

序号	专利	在科学文章中的对应内容
1	发明者	作者
2	优先权日	最早可要求的备案日期（通常是投稿日）
3	发明技术领域	研究领域
4	发明背景	问题陈述
5	现有技术	目前最先进技术
6	发明摘要	发现 / 结果摘要
7	发明描述	详细描述（例如，材料和方法）
8	要求书	准确、详细地描述发现 / 结果 / 应用的范围和广度

■ 专利拥有发明者，而不是作者，并且所有发明者必须在专利上署名。偶然提供帮助的其他任何人都不应列入专利。你所指名的任何错误都可能对专利的有效性产生重大影响。

■ 你必须在专利申请中准确定义事项（表 2.11）。你的定义必须准确而完整，你可以假设这样的定义将被科学文章的读者所了解。

■ 你可以提出尚未被证明的要求，你可以在优先权日之后的 1 年内对文本进行修订（详见下文）。

■ 要求应该是实质性的，并且预计会在 2 ~ 3 年内产生现金，因为专利申请会产生高额费用。

■ 专利申请中写的每个词都可能具有法律意义。因此，撰写专利申请时获得专利专家的帮助是至关重要的。

表 2.11 专利文本可能包含许多细节，这些细节对于科学家而言似乎无关紧要或琐碎，但对专利专家而言却是必需的

（a）要求什么	
要求 3	根据权利要求 2 所述的方法，其中，所述植物是选自以下的物种：剪股颖属，葱属，金鱼草属，芹属，拟南芥属，落花生属，天门冬属，颠茄属，燕麦属，簕竹属，芸薹属，雀麦属，紫水晶属，山茶属，大麻属，辣椒属，鹰嘴豆属，藜属，菊苣属，柑橘属，咖啡属，薏苡属，甜瓜属，南瓜属，狗牙根属，鸭茅，曼陀罗属，胡萝卜属，毛地黄属，薯蓣属，油棕属，穇属，羊茅属，草莓属，老鹳草属，大豆属，向日葵属，萱草属，橡胶树属，大麦属，天仙子属，番薯属，莴苣属，冰豆属，百合属，亚麻属，毒麦属，莲属，番茄属，牛至属，苹果树，杧果属，木薯属，苜蓿属，龙面花属，烟草属，驴食豆属，稻属，黍属，天竺葵属，狼尾草属，碧冬茄属，豌豆属，菜豆属，梯牧草属，早熟禾属，李属，毛茛属，萝卜属，茶藨子属，蓖麻属，悬钩子属，甘蔗属，美人襟属，黑麦属，千里光属，狗尾草属，白芥属，茄属，高粱属，钝叶草属，可可属，三叶草属，胡卢巴属，小麦属，蚕豆属，豇豆属，葡萄属，玉蜀黍属，莪莉竹族和服叶竺亚科
（b）发明描述	
软件和硬件	由计算机设备执行对本发明的统计模型进行编码的一组指令（体现在一个或多个程序中），以识别表型价值和单倍型之间的相关性。通常，集成系统还包括用户输入设备，用于诸如选择文件、检索数据等的键盘、鼠标、触摸屏或相似设备，以及输出设备（例如，显示器、打印机等），以查看或恢复统计分析结果

注：（a）摘自专利权利要求部分中有关新统计方法的摘录；（b）摘自同一专利中的发明说明

一旦你的专利申请被提交（详见下文），你就可以将你的科学文章提交给期刊，并开始在会议上谈论你的想法。大多数商业（项目）合作伙伴允许专利申请延迟 6 ~ 12 个月。

提交专利申请

大多数大学都有与转让和技术联络办公室，该办公室通常与外部专利专家密切联系。他们还将帮助你预测成本（例如，初始申请阶段为100～2000美元，最终申请和维持阶段需要1000美元甚至更多，捍卫专利则需要超过100 000美元的花费）和收益（例如，专利使用费）的平衡（例如，专利权使用费；尽管每项学术专利的收入超过100 000美元的情况很少，但在学术界也有成千上万美元的偶然成功案例）。收入可以分配给资助机构、你的大学或研究小组，甚至可以分配给你本人。

进行专利申请的第一步是进行广泛而彻底的搜索：充分挖掘文献和互联网，使用从PubMed到谷歌到谷歌学术的每种搜索选项，并研究诸如Espacenet之类的专利数据库（请参阅“试一试”）。如果你发现任何描述与你的发明相似的论文，报告或专利，那么专利申请之路的吸引力就会大大降低，并且你可以节省开支了。从你决定邀请专家参加的那一刻起，这就是一项昂贵的业务。

第二步是寻找并聘请专利专家，他们在开始撰写申请之前也会进行类似的搜索。撰写申请书后，专利专家将向你的国家专利局［如荷兰专利局或英国知识产权局］提交你的申请。你也可以将申请提交给更加“国际化”授权机构，例如欧洲专利局、美国专利商标局或专利合作条约来进行一个“全球”申请以覆盖之后你想要转化进入的单个国家。提交有关发明的第一份专利申请的日期称为“优先权日”——后续申请可以在12个月内要求第一份申请的优先权日。你可以在你看到市场并因此需要专利的任何国家/地区提交专利申请，但是你需要决定在优先权日起30个月之前进行专利申请。你的专利申请将由国家专利局审核（为此收取昂贵的费用）。经过几轮修订后，如果幸运的话，你的最终版本将获得批准，专利将被注册和发布（即，专利获批）。请注意，专利可能会在一个国家/地区获得授权，而另一个国家 / 地区仍在申请中（表 2.12）。

表 2.12 与你的大学类似的强制性专利流程举例

（a）专利申请过程	
1	完整的内部发明披露表
2	是否可申请专利：现有技术搜索？
3	具有商业兴趣吗：市场分析？
4	报大学董事会批准
5	撰写专利申请
6	提交为美国专利申请（专利申请中）
7	收集更多证据以证实申请要求
8	修改专利申请（在优先年结束之前）
9	国家专利获批（专利发表）
（b）开发或终止专利	
1	提交为专利合作条约专利申请
2	邀请利益商业方聚会
3	协商许可或出售
4	在缺乏利益的情况下终止专利申请过程
5	在成功的情况下将专利使用费和销售变现或分享

注：颜色表示由谁主要负责该项事务，你（黑色阴影）或法律事务人员（灰色阴影），或外部人员（白色阴影）。

同样需要注意的是，当你的专利发布后，任何人都可以审阅该专利，并将你告上法庭就你的概念或产品的创新性、性质上的不言而喻以及应用性进行辩论。你同样需要保护你的专利，即寻找对你的专利的任何侵权，并提起诉讼，要求中止其使用（这将产生法律费用）。专利维护成本通常在2～3年的“低成本”启动阶段之后迅速增加；如果预算余额不如预期，你可以通过不再支付维护费用来收回专利。你应该认识到，专利的有效终止策略与开发策略同等重要；否则，如果你没有任何投资回报，成本可能会大幅上升。

专利是否会使你的团队富有或贫穷？

你是一名研究人员，可能没有任何生意或商业兴趣。专利能否成功获得投资回报，在很大程度上取决于你愿意投入多少精力和努力。这些要求包括：

■ 你准备好在国内或国际上拜访潜在的商业团体。

■ 你可以鼓励并说服第三方投资于进一步的（应用）研究，以将原型开发成可销售的产品。

■ 你知道如何与那些曾经是领导者的人打交道，例如你的主管、院长、校长和投资者。

■ 你有兴趣帮助撰写专利申请，并且正在谈判许可或出售专利。

■ 如果专利有争议，你会乐意出庭。

■ 你有一个才华横溢、具有企业家精神的博士生或博士后，他/她技术娴熟，有时间和雄心壮志开办自己（与你作为导师和股东）的企业。

■ 如果你决定创办自己的公司，则将期待设计营销材料、招募人员和雇用外部知识转移专家（以及更多任务）。

痛苦的真相是大多数专利的成本超过了它们产生的价值。通常认为，不超过1∶300或1∶3000的专利最终将有利可图。这都是游戏的一部分

（尽管不完全相同，但也很少有科学文章真正“成功”）。

一些研究人员采用了商业界的战略和策略（例如，基于多项专利的保护比基于一项专利的保护更难被打破），并为他们自己、团队和大学增加了收入来源。他们可以为多年的研究活动提供资金，而不必与“正常”机构竞争。其他科学家与工业合作伙伴一起被任命为专利的发明人，并且该专利的性质具有保护性；也就是说，专利中的权利要求保护了公司涉及或可能涉及的广阔领域（例如，表 2.11a 中列出的所有农作物）。或者说明非常详细，甚至包括了显而易见的工具或方法的使用（例如，用于运行软件的鼠标和键盘，如表 2.11b 所示）。

一个教授的轶事

意外的专利和生意

我在一次严重的事故中弄伤了眼睛，这需要大学医学中心一位眼科专家进行紧急治疗。因此，两位教授第一次见面：我是患者，他是临床医生。在我们的接下来的会面中，我们介绍了各自的研究兴趣，并且产生了出乎意料的跨学科合作。科学就是这样运作的！我们组建了一个团队，包括眼科学教授和博士后以及生物化学教授和博士生。我们取得了巨大的进展，并决定为我们的联合创新申请专利及开展业务。该团队参加了几次风险投资竞赛。这些非常有用，因为博士后和博士生了解了发明的商业和经济方面，这些与科学方面完全不同：消费者、市场、竞争以及如何将基本构想转化为真实且易于生产的产品。在每场比赛中，我们的表现都比上一次要好，最后，我们赢得了由德国联邦教育和研究部举办的荷兰创业挑战赛和绿色才艺大赛，并且获得了诺华公司的创新奖。博士后和我的（前）博士生开始了这项业务。这就是一场事故如何变成意外的专利和新业务的故事！

试一试

你有一个主意

■ 检查科学文献；查阅谷歌提供的趋势报告、白皮书以及为经济事务部撰写或由经济部撰写的立场文件。是否有其他人在任何地方发表过可能威胁你的发明的创新性的东西？

检查你的研究领域内的专利

■ 请访问 patents.google.com，在“阅读世界各地的专利全文”处插入你的关键字。

■ 查询专利数据库，例如，worldwide.espacenet.com/advancedSearch 或 www.epo line.org。

■ Esp@cenet 包含来自许多国家的 6000 万项专利，包括有关其申请状态的信息——提交、有效或终止。

■ 欧盟的 Epoline 包含所有已发布的欧洲和全球专利申请，包括有关其状态的信息。

■ 另外，请访问 www.wipo.int/pct/en/，以了解所涵盖的所有国家 / 地区专利合作条约。

在多个国家 / 地区申请专利

■ 现在或将来，你在哪些国家 / 地区看到市场？在荷兰、日本还是中国？积极探讨你的答案。

■ 你可以在这些国家 / 地区以你自己的语言或英语提交申请吗？还是应该将你的申请部分或全部翻译成荷兰语、日语或中文？与你的专利事务官讨论此事。

3

“我们不该抛开社会的发展和繁荣去寻求个人的成功……我们的理想和抱负应当足以宽容他人的志向和需求，为众人，也为自己。”

凯撒·查维斯

（1927—1993）

美国拉丁裔工人领袖和民权运动家

社　会

3.1

引　　言

在科学会议上发表演讲和在杂志上发表论文是与同行分享自己想法和研究结果的传统方式。如果你足够幸运，很多相关人员将聆听你的演讲，与你在壁报前交流，阅读你已发表的论文。他们随后可能开始接受你的想法，采用你的结果，引用你的论文，甚至邀请你与他们合作参与研究项目和申请基金。你开始逐渐积攒个人声誉或者“品牌身份”：你的“研究业务”不断扩展并达到更高的层次。因此，发表论文和演讲清单是构成个人简历的重要组成部分，并且在职业发展和晋升中发挥重要作用。

但是，除了传统方式以外还有更多方式能够建立个人品牌。交流和合作方法正在迅速发生变化。互联网和社交媒体能够让你实时分享你的想法，没有必要等到下一次会议或者论文的最终发表——你将有史无前例的关注者，不再仅仅是参加会议或者阅读特定杂志的同行们。现在，任何拥有电脑并且能够连接互联网的人都可以阅读开放获取的材料，了解你的想法，给予赞扬，提出批评建议，或者增加你无法以其他方式获取的新数据。你因此可以高效地获得不请自来的智囊团。交流可以是公开的（如，博客、领英上的公开小组），也可以是私密的（如电子邮件、脸书上的非公开小组）。任何公开的内容都可以被计数（如下载量、推特转发数或者点赞数），并且（从正面或者反面）影响你的科学声誉。

这些新型媒体能够将你的研究业务扩展到前所未有的水平，而这同样适用于你的同行或者整个科学界。快速的知识传播加速了对最新研究成果和知识开发的验证，使成果能够更早地为实践者和社会所采用，同时让资助机构以及那些有理想的学生和员工注意到你正在研究的内容。如此，你和科学界还能期望什么？

本章接下来的 4 个部分涵盖了如何与社会上（从同行到普通公众）形形色色的人打交道。

■ **公开的科学**。是否只有一种公开性的考虑，或者还有其他更多需要考虑的内容？当你参与公开存取时，你的研究数据、文档、图表以及其他内容的“所有权”或者“作者身份”是否能够被很好地保护？你是否应当正式将你的工作授权给他人，绿色、黄金和钻石授权模式又是什么意思？

■ **公众的科学**。谁想要或者需要知晓你的研究结果？他们的兴趣是否足够强大到他们甚至希望通过某种形式为你的研究做出贡献？纳税人是否希望对你的研究有发言权？

■ **媒体**。你想要分享的关键信息是什么？谁是听众？他们为什么想要或者需要听你的故事？将信息传递给他们的最佳媒体是什么？新闻报纸或者广播电台记者能否成为信息的传播者？你是否应该借助社交媒体的力量？

■ **个人网络信息**。每个人都使用谷歌，那么当他们搜索你或者你的话题时他们会得到什么？你的个人网页是否会首先出现？你的个人网页是否向同行及普通公众提供了激励人心且完整的信息？你是团队领导者吗？如果你的个人网页和电子邮件是由你的雇主进行维护，那么当你离职时会发生什么？

3.2

公开的科学

作为科学家，你正在制造一种逐渐增长的产出，比如：

- 科学论文和科普文章
- 专著和教科书
- 课程材料
- 教学与讲座视频
- 原始和经加工处理的科学数据
- 用于数据分析和可视化操作的软件
- 材料、工具和其他具体产品
- 新的方法、过程、方案等

任何明确标注为你所有的上述内容能够以多种方式促进你的研究和事业，并可能给你带来：

- 受邀在会议上发言
- 新的有用的合作者
- 想到你实验室寻找工作的人
- 收入以及继续研究的基金
- 增加晋升成为正教授的机会

■ 以及其他……

研究结果应当像石油一样迅速并广泛地传播给尽可能多的潜在受益者。这同样能使你的博士研究生和博士后受益，他们需要在自己的简历上加入这些内容以获得下一份工作。本节最后部分的轶事给出了一个将快速博客和传统慢速论文投稿相结合的例子。

版权许可协议

版权保护你的文档、照片、视频等，但并不保护其中所表达的想法（见 2.4 节）。在版权许可中，你可以指定其他人对该资源如何使用（图 3.1 显示一种许可标识）。表 3.1 显示的是将你的工作许可给他人的 5 种不同方式。除了零选项外，其他许可均要求你作为作者的身份被承认并且予以适当的致谢。

表 3.1　知识共享许可协议选项

3.1a　主要知识共享许可协议选项

零		
BY	姓名标示	
SA	相同方式共享	
NC	非商业性	
ND	禁止改作	

注：知识共享是一个非营利性组织，该组织发行了被广泛采用的一种名为“知识共享许可协议”的版权许可（www.creative commons.org）。

3.1b　知识共享许可协议选项：使用者权限

零	在未经许可的情况下复制、修改、分发，以及改编作品，即使是出于商业目的
BY 或 SA	分享——在任何媒体或格式下复制和再分发材料 改编——出于任何目的，即使是商业目的，在材料的基础上进行重混和转换
NC	分享——出于非商业目的，在任何媒体或以任何格式复制和再分发材料 改编——出于非商业目的，在材料的基础上进行重混和转换
ND	分享——出于任何目的，即使是商业目的，在任何媒体或以任何格式复制和再分发材料

3.1c　知识共享许可协议选项：适用条件

零	使用或引用作品时，用户不应暗示作者对此的支持与确认
BY	用户必须将作品恰当地归功于原作者，提供许可证的链接，并指出是否进行了更改
SA	如果用户在材料的基础上进行混合和改变，他或她必须在与原件相同的许可下分发他或她的贡献
NC	用户不应将材料用于商业目的
ND	如果用户在材料的基础上进行混合和改变，用户不得传播经改变的材料

图 3.1　知识共享许可协议标识举例

在投稿前，你可以并且应该核实出版商的指南，并且详细分析其授权模式。以下分类系统可有所帮助：绿色、黄金和钻石模式（及更多颜色），详见表 3.2。

表 3.2 学术期刊的获取模式及其最小授权模式

开放获取模式	审核过程	授权模式	支付费用
绿色	可能需要	无需授权或无延迟的"姓名标示许可协议"	作者和用户均不付费
黄金	是	仅作品的最终版本需署名许可，有时会有严重的时间延迟	作者或机构付费，但无用户费用
钻石	是	仅作品的最终版本需署名许可，无延迟	作者和用户均不付费

学术论文

我们通常将我们的论文向会议和 / 或学术杂志投稿，在一轮又一轮的同行审稿后，我们希望论文能够在会议录或者比较好的杂志上发表。当论文被接收时，就是喝杯咖啡或吃块蛋糕庆祝的时刻了！但是，我们可能更加关注会议或杂志的高影响力或其他状态，而忽视了其主办方所使用的授权模式。

■ 那么……现在论文是向所有人免费公开还是仅向一部分（付费）用户开放？

■ 你作为作者或者共同作者，是否被允许将你的论文的文本（或者甚至是期刊的最终、校对、排版）版本在你的个人或大学网站上发表？

■ 是即刻开放还是仅在发表 1 年甚至更长时间后开放？

■ 为获得开放获取，你需要付多少费用？（付费水平存在差异。）

■ 论文是否无需审稿即可开放？还是在审稿前、审稿中或审稿后进行开放？

■ 论文手稿的所有部分和 / 或审稿内容都开放吗？

哪种授权模式比较适合你的学术论文？你很有可能同意 CC-BY 类型的许可（见表 3.1）：同行可以自由分享你的作品并且在你所发表的作品基础上进行创作，前提是他们能够恰当地引用你的成果。如果他们本身也采用 CC-BY 许可，则他们可以选择传播由此衍生出的作品。BY 许可要求适当引用你的论文，即：作者姓名、文章名称、期刊名、发表年份和页码，可能还有一个 URL（统一资源定位符）或 DOI（数字对象标识符）。你可能还想加上 SA 许可，即：选择 CC-BY-SA 许可证，该许可使得衍生作品的商业化传播更为困难，因为衍生作品的购买者能够自由在此基础上进行创作（或者复制并再传播该作品）。

BY 许可在绿色模式下的一个例子是 arXiv.org 网站。该网站收集了 100 万篇预印本论文（从物理学、定量生物学到经济学）。在该网站上，研究者可以即刻将自己的论文手稿免费发布，同时阅读并引用其他同行发表的论文手稿。ArXiv 对传播上述这些论文手稿具有非排他性、不可撤销的权利。绿色模式允许你在你的个人或大学网站（或其他商业网站如 ResearchGate 和 AcademiaNet；见第 3.4 节）上即刻发布自己论文的文印本或预印本，或者将你的预印本向学术期刊投稿。部分通过 arXiv 分享的手稿并未在其他任何地方发表，但仍然在其领域具有重要影响力。近期则推出了其他资料库，如生命科学领域的 bioRxiv.org 和心理学领域的 psyArXiv.com。部分学术期刊甚将所有稿件自动上传至相应的 Arxiv.org（如，PLOS 期刊投稿均以预印本形式出现在 bioRxiv，而 bioRxiv 上发表的评论可用于 PLOS 的审稿过程）。审稿意见和手稿更新也可以公开存取。有了版本控制，手稿可以成为一个随着时间的推移而不断改善的“活文件”。

学术著作

书籍也可以通过公开存取的方式进行发表。书籍的电子版本可以是整本书籍可下载的单个 PDF 文件、多个 PDF 文件（每章节一个文件）或者是可以上传到电子阅读器的电子书版本。编辑、设计、推广、印刷和分销图书的成本仍然不菲，这些成本能够通过传统平装本或精装本书籍的销售以及向个人和大学或公共图书馆销售电子书籍来支付。开放获取能够有效地帮助推广你的著作：人们将通过分享、发推特或博客来传播免费书籍的消息。由于部分读者以及更多图书管理员仍然希望在他们的系统内保留电子书，以及在他们的书架上保留纸质书，因此即便是免费的公开获取也能够促进销售。开放获取销售是否优于传统销售渠道取决于了解你著作的人数以及其中想要购买书籍的人所占的比例。推广一本书的时间和成本也相当可观。你可能需要等待一段很长的时间才能得到书籍带来的收入。一些机构或者国家计划能够使作者和出版商预先获得资助（如：oapen.org 图书馆）。你可以向图书管理员咨询。资助你研究项目的机构也有可能为你的著作的出版提供资助，因此你应当在申请基金时将开放获取的成本预算在内。

印刷版的论文和书籍是相对静止的，而数字出版物易于更正、扩展和修订，而且很容易使用社交媒体或电子邮件提醒可能感兴趣的人。数字作品甚至可以成为一群人的努力结果——维基百科就是一个典型的例子。因此，在考虑开放获取发表时也可考虑这一因素。

其他需要考虑的因素包括：出版总成本以及如何通过开放获取降低这些成本；开放获取期刊审稿过程的质量以及达到这种质量的花费；出版商破产的风险，在这种情况下，可能停止对现有论文（包括你的论文）的访问（网站无法使用，没有人知道现在谁拥有你的论文的版权？）

数据和元数据

资助机构在你的研究项目上投资了大量资金，尽管你很可能已经完成了非常重要的工作（在相关期刊上发表论文、获得专利），然而如果上述工作的原始数据和经处理的数据以及这些数据的原始信息由于你研究组的博士研究生或博士后离职而丢失的话，他们的投资将面临一定的风险。例如，有关实验设计、问卷、实验记录本中的记录、预处理和处理方法以及软件的所有版本的信息。来源于你的项目的任何可数字化的结果均可以被存储和分享。其他研究者可以重复你的分析，但更重要的是他们可以将你的信息与其他数据结合，利用大数据和专家解决更大的难题[1]。机构对于你的项目的投资从而拥有了更大更持久的影响。采用 CC-BY 许可证访问你的信息可以带来增加你的文献数目或其他指标的积极效应。很多研究人员认为数据和元数据的公开存取共享是在研究中保持透明度、可重复性和完整性的重要条件。并非所有的数据都能够分享：有时需要进行“个人隐私影响评估（PIA）”以确保遵循通用数据保护条例（如，使用化名）。来自信息管理中心的图书馆或信息技术（IT）专家能够帮助你制定并实施专业的信息管理计划（表 3.3）。

表 3.3　以数字形式保存研究信息以供他人未来使用的计划要素（第一列）和更具体详细计划的示例（第二列）

通用要素	植物生物学举例
所有人	主要研究者：X 博士；博士研究生 Y
描述研究	发表论文的 DOI

1　Trelles et al. 2011；Prins et al. 2015.

续表

研究设计	
数据类型	基因型、表型、软件
研究设计	随机区组设计
数据产生方式	基因分型、碳水化合物特征谱描绘
计算分析管线	预处理、分析、后处理方法 / 软件
数据归档	
数据标准	MIAME
版本	DOI Dataverse，DOI GitHub
大小	100 GB
元数据	DOI 笔记本
成本	前 10 年由所属大学支付
数据存取	
许可模式	项目结束后 CC-BY
个人隐私影响评估（PIA）	未选择放弃公开存取（无数据隐私问题）

注：上述元素符合 FAIR（可查找、可访问、可相互操作、可再使用）数据原则（Wilkinson et al. 2016）。

■ **数据空间（Dataverse）**。数据空间项目（由哈佛大学提供技术支持）是一个开源 Web 应用程序的例子，用于分享、保存、引用、探索和分析研究数据及元数据（www.dataverse.org）。你可以在本地安装并在你的网站上显示它。但你的信息技术部门可能会为你指定一个 Dataverse 账号，以成为更大的 Dataverse 库的一部分。你的数据的用户能够并且应当采用该数据的数字对象标识符（DOI）对其进行引用。

■ **开源项目（GitHub）**。开源项目是一个开源 Web 应用程序的例子，可用于写作开发研究软件，维护其所有的历史（版本），并与外部世界分享。你的软件（版本）的 DOIs 可通过 www.zenodo.org（由 CERN 数据中心提供技术支持）网站获得，后者已与 GitHub 结合（如：http://zenodo.org/record/13200）。你也可以为你的资料库创建个人网站（https:/github/yourname）。

■ **笔记本**。你可以通过传统方式（用装订的纸质笔记本或使用现代电子笔记本或实验室日志进行写作）描述所有元数据。每日记录你的想法和其实施情况。笔记本也可以作为所有较容易丢失的研究相关细节的存档（如由于人员离职）；训练有素的读者能够完全理解并且重复那些已经完成的工作。在纸质笔记本中，你可以粘贴相关图形、照片和图像，并为任何相关但不能包含在纸质笔记本中的外部信息（如数据存储服务器上的数字化资料或人类生物样本库冰箱中的生物样本）添加摘要说明、ID 号和安全存储位置。在电子笔记本中，你应当为所有内容添加准确的链接。然后，其他研究者可以复制你的研究成果，并将你的信息与他们自己的以及其他人的信息结合起来进行荟萃分析。因此，笔记本对于“开放研究”至关重要——能够进一步扩大和实现对过去项目（公共）投资的有意义的回报。

免费还是收费？

专业用户可能通过购买你的资源获益。例如，如果你向他们出售软件或者软件访问权，你就可能雇用一个软件工程师，维护专业网站和用于运行该软件的硬件，向用户提供支持和在线问答信息，进一步开发新功能等。你可能希望向非学术用户授予一个非独家且不可转让的 CC-BY-ND 许可证：他们可以使用软件，以此盈利，但不能转让或销售软件及其任何衍生品。你可以授予他们使用软件的权利“就像使用一本书”；它可以被自由地从一台电脑转移到另一台电脑，但每次只能有一个使用者。你可以向多个用户方案提供更贵的许可证。与此同时，你可以向你的同行提供 CC-BY-SA 许可证；他们不向你付费但可以分享软件衍生品，前提是他们使用和你相同的许可条件。或者你可以向他们提供一个非独家且不可转让的 CC-BY-NC-ND 付费许可证，并将你的成果变成 1 个小的拆分业务（但首先请根据你的工作合同和 / 或大学规定明确任何收益的去向）。

申请专利也是一种选择。你可以通过收取专利使用费的方式将专利授权给 1 个或多个单位，或者以不错的价格将其出售给工业或者商业公司，又或者你可以开始运营自己的公司。然而不幸的是，专利申请和 / 或限制性授权过程可能（极大地）延缓你的发明被广泛采用的速度，减少对纳税人的回报或对人类的造福。

以“服务人类”作为指导学术的原则，你可以选择“公开科学”作为前进的方式。例如，迅速并公开地分享你针对某疾病的新疫苗，就能够实现以最低成本快速生产该疫苗。

一个统计学家的轶事

推特速度

“资助机构歧视女性研究者。”该信息被发表在一本著名的科学杂志上。媒体以醒目标题、政治和辩论的形式对此事进行了评论。我在文章发表的当日阅读了该文章，发现其实并不是歧视而是糟糕的统计结果。如果给编辑写信的话至少需要等待两个月才能发表。于是我决定立即写一篇博客并且将其发推特到一些会转推我的博客且具有影响力的人那里。我的博客是公开的并且很快吸引到了上千名的读者。但事情并没有就此结束——国家报纸上的媒体关注、《自然》和《科学》杂志的头条、BBC 电台的现场采访以及最终在原文发表后 10 个星期在相同杂志上发表的经同行评议的书信。时至今日，这个故事仍然在传播：记者们现在经常给我打电话要求我对其他各种新闻中的统计问题进行评论。想象一下我的个人简历中“参与公共事业”部分将会是什么样子！这些都归功于我写的一篇博客。

试一试

■ 知识共享（CC）网页提供了一个用于选择许可协议和创建 html 代码以添加到文档和 / 或网站中向导：http://creativecommons.org/choose/。

■ 使用谷歌图片和过滤器可以查找在给予适当认可基础上免费使用的图片。

■ 查看出版商的版权和自存档政策：www.Sherpa.ac.uk/roomeo/。填写期刊标题或出版商名称，并检查出版商是否出版绿色和黄金授权模式的期刊和书籍。

■ 向你所在机构的数据管理办公室询问他们如何支持数据和元数据归档与分享。

■ 查看你所在领域的数据和软件标准。你需要如何做以符合这些标准?

■ 一张图胜过千言万语。如果你已经绘制这类图形，将其成为可被引用的图形并赋予 DOI（见第 3.5 节），在论文中包含该图形及其在参考目录中列出其 DOI。

3.3

公众的科学

让公众参与

地球上有 70 亿人口，因此必然有人能够以某种方式——可能是金钱，可能是实物或者其他（图 3.2）——对你的研究有所帮助。让这个庞大“人群”中很小的一部分人参与进来会对你和你的研究产生巨大的影响。“众筹”和“众包”的概念就是指利用这些额外资源产生的巨大新潜力。

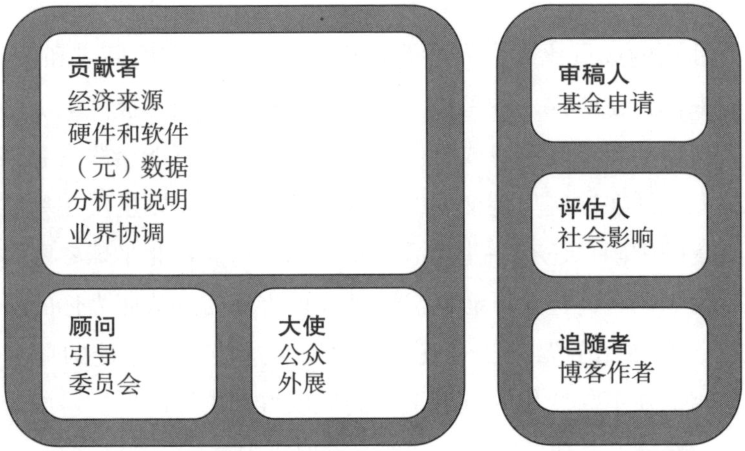

图 3.2　公众可以在你的项目中扮演各种角色：一些人参与你的研究项目（左侧），另一些人对你的项目进行评价而非参与项目（右侧）

公众可有所贡献

你可以去恳求捐款，更多的资金肯定会使你的研究或业务经营得更快，或许会更好。你也可以考虑超越（被动）捐献者和捐赠，让人们通过其他方式参与或有所贡献：利用其他人的才能、头脑、能量、设备、个人网络、组织能力、想法、知识、解决方案等，最后让你自己和其他人对所获得的结果感到大吃一惊，这些结果用其他方式可能无法获得，或者至少无法以相同的速度实现。我们都知道维基百科（和其他例子），当项目以更开放的基础运行时能够获得更显著成效。这也会成为你研究的希望吗？如果你知道到哪里去找这些潜在的贡献者以及如何联系他们，那么意料之外的机会可能会降临到你身上。

互联网、强大的搜索引擎和社交网站已经革命性地改变了人们获取信息和人员的方式。任何人都可以创建一个拥有相似兴趣的社团或者与其他人创建的社团建立联系。世界范围内，能够连接上网的人都能够获知社团信息并决定是否加入。你也可以找到他们。搜索社团中的关键人物并与他们取得联系。

来自社团的成员比来自人群的随机人员更可能有所回应和做出贡献。例如，如果你正在研究一种鸟类（比如说红腹滨鹬或北极燕鸥）的长途迁徙，那么当地的鸟类观察者或野生动物保护者社团可能会非常感兴趣。他们中一些人生活在这些鸟类交配的地区芬兰，另一些则生活在鸟类迁徙途中停留觅食的中国，还有一些生活在新西兰，鸟类在北半球冬季时会撤退到那里（图 3.3）。这些人可能自愿记录候鸟脚环信息从而为你的研究提供重要数据，而你几乎无需任何成本。他们对这些长途迁徙的鸟类情有独钟，并且相信在不断变化的世界里它们应该得到更好的保护。成为你的研究故事的一部分，对他们而言具有现实价值（表 3.4）。

图 3.3　公众在红腹滨鹬的飞行路径（“飞途”）上帮助科学家进行监视。红腹滨鹬在北半球交配，随后经不同路线到达南半球。圆圈代表其停留并觅食的地点，黑色和灰色圈代表两个全球鸟类观察者社团

表 3.4　鸟类观察者的一些统计举例

公众团队组成
> 7000 名群众 3200 名属于 20 个有组织的社团之一 3800 名是“孤独者”，即不属于任何组织的个人 > 51 个国家，覆盖了所有大洲
科学家如何与公众见面
科学家在做田野研究时，人们可以直接走到其跟前 人们可以找到热心的志愿者开发的网站，可用于收集和提供数据（如 www.cr-birding.org） 人们可以是相关社团的成员（如 www.waderstudygroup.org）

续表

如何赞扬公众的贡献？
总是回复电子邮件：每年 5000 封。 通过电邮跟公众分享“他们的”鸟儿的生命故事。 定期发送通讯，向所有相关人员汇报进展。 接收相关社团邀请，在其会议上发言。 邀请顶尖贡献者加入你的研究。 在 200 篇研究报告和 50 篇外联文章对他们的努力表示感谢。

众包和众筹活动也可以在专门的网络平台上发布。比如，一些大学已经拥有专门的网站来发布和管理它们自己的研究人员建立的众筹活动（如：荷兰格罗宁根大学的埃米尤斯基金网站 www.rugsteunt.nl）。还有一些商业平台，将你的项目在这样的平台上发布能够帮你与大量充满热情的公众取得联系。例如，哈佛大学曾证明，应用一个拥有 450 000 IT 专家的专门平台来解决计算生物学问题，可能比传统的申请基金然后招募一个博士后的方式更好、更便宜、更快。在仅仅两周的时间内，122 人提交了可行的解决方案，其中 16 种优于现有软件；随后最佳的前 5 种解决方案开放源码许可方式提供给使用者[1]。

还有一些其他的平台可以通过支付固定的费用完成一些事情。第一个完成任务的人将赢得所宣布的奖项；其他所有人都为时已晚，不会获得收入，但可能他们享受完成任务的过程，学习获胜的解决方案，并成为竞赛的一部分。

公众可提供建议、评审或评估

公众可以向患者或特殊利益团体和其他社团进行捐赠，而你的研究可

1 Cameron 2013.

能就是由这些公益或半公益资源资助的。你可以从这些公益或半公益团体中邀请志愿者在你的项目中担任顾问 / 大使。资助机构可能要求你将部分公众利益相关群体（你的项目成果的使用者和终端用户）作为官方指导委员会的成员。资助机构也可能会招募公众利益相关群体作为志愿者提供非专家评审（表 3.5）。资助与否将取决于正常的同行评审以及这些非专家评审。相同的人可能也会被邀请评价已获资助项目的进展、影响和外联。一定要重视公众的经验和专业知识，当然不要低估他们：他们可能知识相当渊博。他们中有些人可能是对你的项目有特殊兴趣（例如，由于他们本人或他们的亲属患上了你正在调查的疾病）的教授或退休的专业人员。

表 3.5　患者角度进行项目评审的标准举例。对于其他类别的使用者 / 最终用户，也可以制定类似的标准

患者相关性
是否改善患者健康？ 是否考虑到患者的多样性？ 患者是否希望或者需要这个？
参与
除科学经验外，患者经验是否被采纳？ 患者代表是否是项目委员会的正式代表？ 患者是否参与设计研究问题、计划等？
信息和交流
患者和他们的组织是否能够充分了解你的项目的结果？ 患者是否能够理解交流的内容？
伦理和安全
患者的价值观和道德规范是否得到尊重？ 是否满足的所有的专业行为准则、指南以及政策？

其他不参与或不为你的项目做出贡献的人可能仍然会跟进你，例如主动给出意见来影响公众辩论和政治决策。他们可以通过在社交媒体上撰写博客或评论来实现这点，这些内容可能是积极的，也可能是具有高度批判性的（见第 3.4 节）。

校友

大学校友是一群特殊的公众：他们已经与你的大学（也就是他们的母校），建立了一种联系，他们可能对母校在其事业发展过程中给予的培训和帮助心存感激。为了表示他们的感谢，他们可能比非校友更愿意捐赠。例如，一位为考古展览做出贡献的研究员被允许在展览中为她的下一次探索性研究进行众筹广告。该展览有两天校友开放日。在开放日中，众筹目标 15 000 美元很快就实现了。这一成功案例的关键在于：研究者所进行的演说；以及校友们参与其中的自豪感。在该研究者下一次基金申请时，她提到了这次众筹以及探索性研究的结果，这肯定对她获得新的基金有所帮助！

一些校友可能非常乐意免费分享他们目前的专业知识和经验，或者向你介绍他们的专业网络，帮助你获得新的商业合作伙伴。如果他们有钱，他们可能会向你的大学提供针对特定的研究人员或研究项目的慈善基金，你和 / 或你的团队成员可能有资格申请。记得一定要了解一下你所在大学的校友办公室，看看他们能为你做些什么。

制定你的策略

你需要的是一个尽可能具体的营销策略和计划，概述如何让公众参与进来。这包括了以下“4W4H”的问题：

■ 你的项目的结果是什么（what）？

■ 谁（who）想要或者需要这些结果？

■ 为什么（why）他们想要或者需要得到这些结果？

■ 你在何处（where）可以找到这些人？

■ 你如何（how）向他们展示你的项目和结果？

■ 他们如何（how）能够帮助你的项目？

■ 你如何（how）奖励他们的贡献？

■ 以上这些如何（how）组织？

众包和众筹可能会以一个相对低廉的组织成本自然产生。但是，你需要恰当处理你与公众之间的社会契约。

■ 人们是为一个人在贡献，这个人是你！

■ 好好管理他们的期望。

■ 不要承诺任何你无法实现的内容。

■ 公开透明。

■ 让他们参与制定研究问题。

■ 分享工资计划、时间表和预算。

■ 定期向他们更新工作进度。

■ 接纳他们的观点和看法。

■ 向他们展示你在聆听。

■ 自始至终要有责任感且值得信赖。

■ 通过表达你的感激之情来对他们进行奖励，并在可能的情况下做更多。

■ 通过尽可能让他们参与来对他们进行奖励。

■ 使奖励与贡献成正比。

■ 告诉他们即使很小的贡献也是非常有价值的。

■ 与有影响力的社团成员密切合作，他们的建议和声誉将帮助你最大限度地拓展你在社团内的影响。

公众可以为你的科学做出积极的贡献，但有一些问题你应该考虑并加以控制。例如，一些志愿者可能提供低质量数据或编造数据以获得你的奖励。此外，你应该澄清任何财务问题（你会报销具体费用吗？）以及法律问题（保密、版权、知识产权、数据共享、隐私保护）。

公众对公开科学的输入

对科学项目产出的公开获取是科学公开所必须的，但这还不够。还需要有机会让一般公众和社会团体提供输入。如果我们在构想研究议程的时候没有听取他们的意见，那么最终没有赢得他们的掌声也很正常。甚至还有一种可能让人觉得傲慢、自大或专注于个人利益（他或她的象牙塔里的学术）的威胁。事实上，由于学术界激励和奖励制度的偏差，一些对普通公众而言重要的问题可能会因比不上那些产生较高“内部”学术声望的问题而被忽略[1]。科学家需要赢得公众的尊重和信任（否则研究预算可能被削减），对公众表示出极大的尊重。科学家不仅在研究结束时更应当在新的研究开始之前使公众参与进来。这包括与公众进行互动、倾听他们的想法、对他们的问题进行理性而不失感性的概括、发现他们究竟要什么以及最终的解决方案可能是什么样的，并为项目提供双方持续的承诺[2]。

一个教授的轶事

协调员母亲

我不上脸书，并且我不想这样做。让我更强烈地表达一下：我不应该上脸书，至少不该为了我的研究这么做。然而，我的研究还是从

1 Miedema 2018.

2 Maister et al. 2000.

脸书那里获益不少。为什么呢？我是一名医学科研人员，我接诊患者。曾经有一个非常罕见的患者步入我的诊室。我不太可能再见到第二个这种病的患者。尽管如此，我希望尽我所能帮助这个患者。对于一个罕见病患者，以及全世界可能仅有的几百个（年轻）患者，脸书改变了一切。它把我自己的患者和来自世界各地的类似患者及其家人联系在一起：巴西、沙特阿拉伯、美国和更远的地方。这些人自己建立了一个脸书社区。其中一位患者的母亲在我的研究项目的准备中发挥重要作用：我写了一篇关于我能为这样的患者做些什么的短文，她在敏感问题上给我提供了建议，因为她比我更了解人们对此将如何反应。她在脸书上发布了关于我的研究计划的短文，同时发布了关于我的研究小组和研究工作的小广告，以及能与我取得联系的电子邮件地址。接下来会发生什么？人们会阅读并对此作出应答吗？

结果令人震惊。不久，患者的父母们开始给我发电子邮件，发送知情同意书并填写调查问卷，并提供其他高质量的临床信息。我的研究很快从一例患者增加到77例患者，而且我得到了更详细和有用的信息。我突然拥有了对这种罕见疾病开展研究的坚实基础。我需要一个人来正确分析这些信息。这将花很多钱，因此我申请了一项基金（获得了资助）。但是你们猜发生了什么？患者的父母们开始组织马拉松和其他活动为我的研究筹款。哇！脸书是不是让我的研究生涯变得简单了？

不是。“简单”并不是那个正确的词。对这些家庭而言这是一件严肃的事情。我的团队和我在这些家庭成员的心中制造了希望，我们感到有责任通过尽可能多的方式证明我们值得他们信任，我们有责任尽力满足他们的期望，向他们定期更新关于研究进展的消息，尽可能长时间地保持联系。与一名作为我们与脸书组之间协调员的家长一起工作可能是我们成功的关键。

试一试

分析

■ 定义可能对你的研究感兴趣的社团。

■ 在网页、脸书组等资源中查找已经存在的社团。

■ 寻找可能已经与这些社团一起工作的同行（你不希望进行不必要的竞争）。

■ 确定社团中的关键人员。

■ 定义你可以提供给每个社团的独特机会。

■ 为每个社团定义对现金或事物捐赠的奖励。

■ 制定一个针对社区的研究计划，包括预算和与他们分享的时间表。

■ 与关键人员联系，询问意见和反馈。

营销

■ 为项目想一个独特的销售名称，并在整个营销过程中始终如一地使用它。

■ 建立一个具有电子邮件地址的项目网站，其名称反映项目的名称。

■ 建立社交媒体账户：脸书、推特、YouTube 的 URL（见 3.4 节）。

■ 为你和你的项目写一个简短、有趣且引人入胜的故事。

■ 制作一段视频（见 3.4 节）。

■（定期）撰写新闻通讯（见 3.4 节）。

■ 在你发布通讯前，总是向社团的关键人员询问其反馈。或者，让他们来发布通讯。

■ 首先考虑联系当地报纸、广播电台和电视台，然后再扩大到全国性报纸或杂志。

■ 在所有电子邮件通信、个人网站、博客、你在他人博客上的文章等内容中添加 URL。

■ 鼓励人们传播你的信息。

总结

■ 你现在对所有的 4W4H 问题有答案了吗？

> 你的项目的结果是**什么**（what）？
> **谁**（who）想要这些结果？
> **为什么**（why）他们想要这些结果？
> 你在**何处**（where）可以找到这些人？
> 你**如何**（how）向他们展示你的项目和结果？
> 他们**如何**（how）能够帮助你的项目？
> 你**如何**（how）奖励他们的贡献？
> 以上这些**如何**（how）组织？

负责任的大学和团队

■ 科学一直被来自欧洲和北美的白人男性所主导。例如，科学家传统上对男性健康的研究远远超过对女性健康的研究。他们研究的问题与那些对自然和环境持不同看法的人（如印第安人、澳大利亚土著人和毛利人）毫不相关。你所在的学校正在做什么来消除这种偏倚、学校期望你做些什么（例如，为学生和教职工开设有关包容性的课程）？你能做些什么来提高团队成员的意识？

■ 气候危机、银行危机、生物多样性危机——你所在的大学是否将应对最紧迫的全球挑战视为己任？联合国通过了消除贫困、保护地球和确保所有人繁荣的目标："为了实现这些目标，每个人都需要尽自己的一份力量。”（ www.un.org/sustainabledevelopment/sustainable-development-goals/ ）。你所在的大学是否正承担着变革的责任？它期望你和你的团队做些什么？你能以什么方式教育你的团队成员成为负责任的公民和科学家？

3.4

媒体

媒体格局正在迅速变化。传统媒体速度慢，服务于一对多的沟通渠道。例如，记者采访你并为纸质报纸、电台或电视节目准备内容。相比之下，现代社交媒体提供了快速的一对多和多对多的沟通。使用网络技术，任何人可以成为记者并准备、分享、添加、修改或删除内容，任何其他人可以加入并表达赞同或不赞同，或者补充更多的细节。当然，主流新闻媒体也已上线，并将传统和现代媒体进行融合。

媒体将人们联系起来。如果你对其他人不太了解，你的信息可能措辞不当或者无法被其他人所理解。如果你不太了解自己，你的信息很容易损害你自己和你所在大学的名誉。因此：

■ **了解你的目标人群**。你当然不可能与你的所有潜在读者和听众一一握手并询问他们对于一般科学，尤其是你的课题的知识与认识。但重要的是，你要知道你面对的目标媒体是什么：哪个全国性报纸、科普杂志、广播节目、电视脱口秀、校友杂志、中学时事通讯、社交媒体网络？慢慢来，做好你的功课，了解一下媒体的格式、焦点和风格。如果你认为你能用目标受众的语言讲述一个强有力的故事，那就去做吧——包括使用照片和视频。从目标受众中找出一些人，请他们对你的信息进行测试，从而发现并解决其中的任何问题。

然而，除目标受众以外会有更多的人参与其中，特别是在传统媒体中，那些会报道你并采访你的记者是一个重要的人物。

■ **了解记者（们）**。大部分情况下，记者将站在你这边。他们像你一样需要一个很好（如果不是更好）的故事。考虑给记者发一封简短的电子邮件，或者如果你有一个故事要讲，就给他/她打个电话，特别是如果你在一家全国性报纸的科学版面上读过这位记者写的一篇不错的新闻稿的话。你会立即或者稍等片刻后得到回应。在领英上寻找记者，搜索互联网以了解更多信息，寻找一个打破沉默的话题，并以此话题承上启下询问记者的教育背景、兴趣、喜好以及对新闻媒体的贡献。当你开始跟记者一起工作，与之讨论他/她的目的是什么，并且评估他/她还能够对谁进行采访。向记者询问你是否可以审核报道终稿以对内容进行修改，但请意识到他们的截稿时间可能非常紧张。如果有的记者喜欢炒作，请务必小心，不要说任何你不想被引用的话。一旦你和一个记者建立了良好的关系，你可以在你有令人兴奋的新故事时给他/她发一封电子邮件。记者也可能会开始给你打电话，要求你就本专业领域的突发新闻发表评论。

你可能是“媒体世界”的首次访客，并且有可能历经艰辛却发现所学的知识根本不管用。因此，还有一个重要的人物应该参与你们的交流中：大学的新闻官，他/她是新闻传播方面的专家，并且/或许可以联系到内部或外部专家小组来支持你。

■ **了解大学的新闻官员**。这些官员在与研究人员和记者打交道方面经验丰富，因此他们可以帮助你和记者找到共同点。更重要的是，他们的工作是在新闻媒体中建立和保护大学的公共声誉。他们有一个庞大的合作记者网络，其中一些是与他们私交较好的记者。他们也有自己偏好的新闻频道并能够为你打开一扇门。他们可能想为你撰写新闻报道，因为他们比你更了解如何撰写这些文稿。他们可以将你推荐给那些正在寻找具有媒体吸引力的科学家的电台或电视节目。你的新闻工作人员将向你提供接受电台和电视采访时所需的技巧及媒体培训。他们将使用社交媒体来吸引关注，并且知道哪些平台是最具影响力的。如果事情“变得糟糕”(或更好)，则他们将极为重要，他们可以教你如何避免风险。新闻官员还负责建立大学的强大品牌：公众需要了解大学的税金去向、正在进行的研究以及社会影响等等。你只是大品牌中的一小部分。请确保他们有你的手机号码，并且在新闻发布会后有空或者能够参加媒体访谈。

你可能沉浸在让媒体曝光你的工作的兴奋之中，仿佛用了肾上腺素那样头晕眼花，你可能很容易忘记在交流链中还有更多的人：那些应当获得荣誉的人，那些需要保护其利益的人、那些有权限制或反对你在媒体出镜的人。

■ **了解其他感兴趣的人**。这组人中肯定包括将要发表你文章的出版商。出版商可能会通知媒体，你可以在禁止发布的情况下准备媒体曝光直至杂志发布新闻稿。如果媒体的注意力与一个正在开展或已经结束的项目有关，那么你需要检查你与资助机构之间的合同：它可能对有关传播的义务有具体规定。最可能的情况是你需要在所有宣传活动中恰当地感谢该机构，但你也可能需要提前告知他们，以便他们也可以准备新闻稿为他们自己推广品牌。如果媒体的关注点与合作项目的推广相关，你还应该检查联合体协议的义务：事先通知合作者，给予联合体和任何作出贡献的个人适当的荣誉。当然，你也应该考虑你是否实际上是在媒体上代表联合体的最佳人选：不要太过自私，如果联合体的领导者或另一个合作者更适合应对媒体，那就请他们去。如果媒体的关注与多名作者共同发表的内容相关，那么适用于合作者的事项同样适用于共同作者。如果记者发现你在开发新的知识产权，你需要格外小心，不要违反保护知识产权的现行程序。因此，询问你的法律事务和/或知识转移工作人员，检查与(工业/商业)合作伙伴的协议，并共同确定目前可以披露和不能披露的内容之间的界限。此外，还应检查媒体将使用的照片和/或视频是否存在知识产权问题。

沟通中最重要的人是最有知识的人(就科学而言)，但如果没有准备或缺乏媒体出镜的经验，他或她可能是沟通链中最薄弱的环节。

■ **了解你自己**。在任何媒体出镜前需要问的第一个问题是“我是不是最适合的人？”如果话题超出了你擅长的领域，请礼貌地拒绝邀请。永远不要让自己被诱导发表你无法用科学文献支持的声明。你可能会被诱导表达自己的个人观点，但当你代表你所在的大学时，你决不能这样做！第二个需要考虑的问题是：“我需要做什么或学什么来准备这次媒体出镜（见表3.6）？”向他人寻求撰写“预告”或新闻稿的帮助并接受其帮助。向别人请教接受记者一对一采访时的技巧。如果事先知道该记者采访的其他人的名字，向他/她了解与该记者打交道的经历。准备好关键消息，并且为任何电台或电视受访努力练习。如果有人打电话邀请你做现场电台采访，与对方确认你是否有时间准备，并让他们稍后再打回来，或者直接拒绝他们。否则的话，你的观众将会对你印象深刻——并不是对你所要传达的消息印象深刻。最后，检查你在网络上的信息。它们是否都更新了？你的推特、领英简历以及个人或大学网页都可能随时被搜索到，尤其是当记者们在寻找与你的工作相关的故事时。

表 3.6 媒体出镜小贴士

在媒体中成功的 7 大要素[1]
故事（Story）、出其不意（Unexpected）、可信（Credible）、具体（Concrete）、热情（Enthusiastic）、短小（Short）、简单（Simple）
应对媒体的一般技巧
仅在你有绝对热门的故事时才去寻找媒体。与他们分享谁（who）在什么时候（when）在何处（where）做了什么（what），并且为什么（why）这么做（W5）。 避免使用术语、缩略语和首字母 不要过度吹嘘、夸张或不实宣传 准备一个人人都能记住的关键信息

1 Heath and Heath 2007.

续表

应对媒体的一般技巧
准备 5 ~ 10 个吸引人的总结语，并进行排练 接受记者将对你的输入进行较多的过滤和重新措辞 事先询问对方的问题以便你可以准备自己的答案 准备 10 ~ 15 个你不希望被问及的问题 参加媒体培训课程
新闻稿技巧
写一个吸引人的标题 将最重要的故事元素放在前面 采用 300 ~ 500 字 可包括本人言论和照片 / 艺术作品 应加入完整的本人联系信息 新闻发布后能够通过电话联系到你
电台采访技巧
询问采访将如何进行，做好准备 用活泼的方式说话，但要说得慢一些，表达清晰 如果第一次不够强而有力，要求重新进行问答环节 不要因为沉默而感到压力，慢慢来 如果涉及辩论，请不要变得情绪化 让采访沿着有利于你的方向进行；记住你的关键信息 找一个安静的地方接受电话采访
上电视的额外技巧
注视采访者而不是摄像机或天花板 采用面部表情和手势（如微笑） 穿着得体，不要太过正式或过分简朴 事先接受培训；用摄像机进行排练，并检查效果如何

与记者交流

你通过记者与你的听众交谈（图 3.4）。采用记者的问题作为故事的切入点，作为信息分享的起始点。你要着手围绕问题，占据主导地位。你的听众应当视你为有能力、可靠且可信任的人，以便你可以跟他们分享你的知识，但更重要的是，你能够解释这些知识的含义和其附加价值或情感价值。听众们在寻找“它对我有什么用？”或“它将如何影响我？”。他们为什么想要或者需要了解你的故事？

图 3.4　交流中的谁、什么和如何。你的听众，他们是谁？你知道他们的知识水平和他们的兴趣、观点、担忧和情感吗？他们为什么想要或者需要知道你或者向你学习？你想要与你的听众分享什么？你是否真的有最新消息分享？是否有一个重要信息需要他们记住？不要试图面面俱到。你将如何通知并吸引他们？分享知识和事实会使你看起来有能力、可靠和可信；展现远见、激情和同情心，分享人类对成功和失败的兴趣轶事，隐喻、图片或视频将吸引他们。你如何与记者打好交道，使他 / 她热情地助你一臂之力？

记者的工作是报道新进展，但同时也检查公共资金是否被妥善地使用。记者们会做功课并试图发现任何隐藏的问题。如果你因为任何原因想要控制破坏，让你的故事尽可能简短乏味（重复关键信息 + 太枯燥以至于无法进入更广泛的媒体）。

停止回答问题应干脆利落；避免喋喋不休。因此，采访中最重要的标点符号是句号。新闻报纸记者特别喜欢在采访时花费较多时间，你可能变得健谈而无法识别虚线问题（图 3.5）。虚线问题诸如“如果……会怎么样？”之类诱导你去猜测的问题，或者“如果……接下来……”之类既有指向性又有暗示性的问题。请拒绝回答这类问题，但你可以向记者提供观点（如可能能够回答该问题的人的名字），或者你可以承诺对该问题进行研究并提示记者可以稍后打电话给你。如果你觉得你的回答完全反了，那么就直接说“抱歉，刚才的回答是错误的，我的意思是……”，并且重新开始不同的回答。

任何你在采访前或采访后所说的内容都可能被记者所利用；有些人会在正式采访结束后继续录音或录制视频。与记者之间没有“私下”的谈话；只有当你或记者离开时，采访才算结束。你也可以自己对采访进行录音或视频，这将有助于阻止记者询问虚线或黑色（误导性）问题（图 3.5）。

图 3.5　采访陷阱

注：你准备好关键信息（内圈）并且知道你的专业领域的边界（外圈）。记者提问（圆点），你回答（箭头线条）。请格外小心那些在边界上的问题（虚线圆点）：记者可能诱导你去回答这些问题，随后引发更为难堪的问题（黑点）；事后你将为你的答案感到非常后悔。因此，你要建造一堵足够坚固的墙使记者无法突破（厚厚的黑圈，并非部分而是完全包围外圈）。这样，采访将会变成你向目标人群传达关键信息的机会。

明确告诉记者，你不会接受不真实、不完整和不清楚的新闻稿或新闻文章。记者应同意你可以在文章发表前审核采访稿并对不正确的语句进行修改。对文章标题要格外小心，因为它们可能不是由记者本人而是其他人构思出来的。你不希望你的故事被误解、炒作或戏剧化，而媒体却倾向于这么做[1]。

使用哪个可用的社交媒体?

当你已经为研究项目的开展异常繁忙时，社交媒体是否值得额外的时间投资?

■ **你不是社交媒体使用者**。你已经忙得不可开交了。如果有任何关于你的项目的令人兴奋的报道，大学的新闻官员可能会准备相关信息并在某个地方发布。你倾向于忽略社交媒体（炒作），明智地利用你宝贵的时间。好吧，继续读下去，也许你会相信，参与社交是值得的。

■ **你是消费者**。你知道你的同龄人、传统科学出版商和资助机构都在使用社交媒体。社交媒体的自动提醒功能使你能够留意他们的消息。你自己并不发布任何消息，但你使用工具去挖掘对你有帮助的资源。比如，当新的文章出现或者新的基金申请开放时你会收到提醒，你对变化中的关于科学和科学家的政府或社会趋势保持政治警惕。或许有时，你可以开始贡献自己的见解；相关建议见表 3.7，表 3.8 和表 3.9。

表 3.7　社交媒体助力研究的举例

微博客（如推特）
通过关注资助机构的微博客，了解即将开始的新申请和其他新闻
通过关注重要研究者的微博客，了解其观点
在学术会议或演讲过程中提问或评论
与同行分享新发表的文章

1　Shmerling 2016.

续表

博客（如你的 Wordpress blog、Pubpeer、维基百科）
阅读科学论文发表后的评论，如了解人们是否报告错误 将你的知识添加到免费的百科全书中，并提供包括你自己的论文在内的论文链接 撰写并发表你对科学论文或书籍的评论
社交媒体（如 Whatsapp、脸书、Skype）
与分散在不同酒店 / 会议室或家庭 / 办公室（例如 Whatsapp 组）的小组成员共同沟通 将你的项目与患者连接起来，加入患者群组，分享信息，并寻求反馈 在学生网站发布信息通告你有优秀的硕士论文项目，并且征集候选人 通过视频会议与分散的协作者讨论项目目标和进度
专业网站（如领英、谷歌学术、ResearchGate）
在与潜在合作者见面之前，看他们是否与你所在学院的其他人有联系 关注你以往学生和雇员的职业发展 让学术界能够方便地找到你和你的文章

表 3.8 活跃微博的技巧（如 140 个字的推特）

专注你的工作 通过链接至额外内容使你的关注者参与其中 使用 URL 缩短器（即，bit.ly/ow.ly）缩短你的链接 将链接放到推特中间的位置 将相关词语用 # 标记 关注含有你的 # 关键词的推文 通过在推特中加入 @ 用户名来包含一个人（公开的） 每天发布推文数量不要超过 3 条 慷慨转推你感兴趣的推文 看看其他选择，如，照片、视频、非公开（小组）推文

表 3.9　视频博客（Vlog）服务科研事业的例子

视频 / 视频博客的目的	对象群体
展示你的设备	基金审阅人
关于你的新书的采访	潜在读者
关于新方法的教程	同行
（动画）演讲幻灯	同行 / 学生
会议宣传的预告片	同行 / 学生
大规模开放在线课程 MOOC 或短期私人在线课程（Short Private Online Course，SPOC）	公立 / 私立学校学生群体
短的纪录片	公众

■ **你是积极的贡献者**。你对有机会分享项目的进展，并在项目的所有阶段收到严肃对待该主题的人的反馈感到兴奋。你使用社交媒体讨论热门话题和近期发表的文章。你享受这一过程并准备投入额外时间来进行公众教育。一些礼仪规则见表 3.10。

表 3.10　社交网络礼节

使用一个能够很好代表你的名字
使别人能够辨认你，使用你的真名和照片
将私人和工作的社交媒体分开
不要上传任何你不希望你的同行或老板看到的东西，即使是上传至封闭的小组
不要在不解释原因的情况下要求与陌生人建立联系，从而激怒陌生人
永远保持文明和尊重
当你愤怒、忙碌或疲劳时，不要发布任何内容
检查拼写错误（或者更为糟糕的情况），尤其是当你使用语音识别和自动更正时
尊重使用特定社交媒体服务的条款（例如，关于利益冲突）

无论你如何喜欢或不喜欢社交媒体在学术中所扮演的角色，它很可能会扮演越来越重要的角色。你的文章出现在社交媒体中的次数将被记录并转化成为一定的分数（如 Altmetric），并且成为在工作、基金申请、晋升、

评奖和杰出成员评定时评价你的影响和表现指标（尽管媒体关注并不能保证影响的质量）。当今世界肯定不再是传统的“发表或毁灭”或“被引用或灭亡”的世界，仅基于其他科学文章中被引用的科学文章（来评价科学研究者）。

社交媒体可以分为两大类：①支持传统一对多交流的，但现在和你一起扮演报告者的角色；②在社交网络中支持多对多交流的。一些社交媒体仅专注一种类型的数字信息（文字、照片、音频或视频），而另一些则允许上传多种类型的数字信息。加入网络可能需要注册，创建个人资料 / 账户，并且被网络管理员所接受，然后你可以与该小组联系，并可能收到自动的基于个人资料的联系人推荐。社交媒体工具也可以有效地为你的空缺职位寻找候选人（见第 1.2 节及其轶事部分）。可悲的是，当敏感的个人数据被收集和滥用时，社交媒体工具可能会造成干扰，就像最近脸书和剑桥分析公司（Cambridge Analytica）的案例。一般数据保护条例比以往任何时候都需要改进和强制执行。

视频的作用远超文字和图片，它们可以为目标观众提供许多激动人心的动态接触机会（表 3.9）。

■ **智能手机**。如今的智能手机能够录制优质的视频。你只需视频并检查声音（背景噪声）、光线（对比度）和稳定性（抖动）是否正常，如果不正常，则重新制作视频。使用免费或商业软件工具来编辑视频（例如，Adobe Premiere Elements）。如果你有多条消息要分享，请将视频分割成一系列较小的剪辑。

■ **演示文稿**。你可以使用现有的 PowerPoint 演示文稿，添加动画和幻灯片之间的转换，添加旁白和 / 或音乐，并将其保存为视频：不需要拍摄，当然你可以拍摄，并且在将 PowerPoint 保存为视频之后，无论用户在哪个设备上运行视频，它们都会工作。

■ **专业视频**。你的大学可能拥有能够帮助你拍摄专业视频的工作室、专业设备和专家。他们将帮助你创建一个“故事板”，将故事预想成一系列卡通，并为每一幅卡通提供准确的说明，说明拍摄内容、拍摄对象、拍摄方式和拍摄地点。例如，他们将通过添加高级动画和 / 或专业配音或字幕，将其拍摄并剪辑成一部专业影片。如果你的目标是建立一个“短期私人在线课程（SPOC）”或“大规模开放在线课程（MOOC）”，那他们可以帮助你。

如果你拍摄其他人，你需要在使用和 / 或发布视频前得到他们的书面同意。一定要意识到，你是弱势的，可能会收到批评和反对。你为此做好准备了吗？如果你拍摄过其他人，他们也准备好了吗？如果你的视频只限于内部使用，例如在 SPOC 中，你可能需要观众们签署禁止对外发布的保密协议。这些都是非常明显的问题，但它们很重要，要及时加以考虑。

与媒体打交道的陷阱

想象一下，你并没有非常明确地告诉记者，你的工作只是第一步，将其转化为一个实际的应用将需要数年的时间。记者的文章一经发表，你可能会被电话、电子邮件、推特以及更多询问其应用（如，治疗特定的疾病）的人轰炸。你应当预先处理好人们的期待。

虽然传统媒体和社交媒体对你的研究和认可是有益的（如，参见 3.3 节中的轶事），但了解潜在的负面后果也很重要，特别是当你违反了礼仪规则时（表 3.10）。即使你的礼节是正确的，也要准备好面对诸如激烈辩论之类的后果，这如果没有损害你的公众声誉的话，也可能会损害你的自信。例如，2016 年，一张重要的全国性报纸发表了一份由 180 名人文学科教授签署的呼吁，呼吁开放欧洲难民边界。在几个小时内，博客上就出现了诸如“这些象牙塔内的教授对哲学和历史的无知”的严厉批评，而作者们可能是希望他们的呼吁能够得到认可。本节结尾的轶事举例说明了交流在何种情形下会迅速变得激烈和危险。

媒体会无情地对待丑闻。如果媒体发现或怀疑你没有公布任何利益冲突（合作、商业或其他）、操控或伪造数据、扭曲科学事实、没有给予同行或学生适当的赞扬、利用你的权力在你并未真正做出贡献的文章中署名或以任何方式破坏科学诚信，他们会打击你的声誉和未来。例如，一位教授被发现伪造数据并不得不撤回几篇论文：这是个大新闻，他被解雇了。后来，当他在名为“撤稿观察”的博客上用假名投稿并为自己辩护时，版主们对此产生了怀疑并要求他公开自己的真实姓名。次日，他再次成为许多媒体的热门新闻。

一个教授的轶事

激动和发怒

我最近写的关于银行危机的博文已经被阅读和点赞超过 1 万次。然而，有一个人开始冒犯我，于是我发帖表明为什么我认为这是不合适的。更多的人开始在推特上攻击我，事情变得疯狂起来。那些人对我进行各种指责，达到了诋毁和诽谤的程度。我受够了。这些人还到我的个人脸书主页上去进行大肆批评。我不得不手动删除这些评论。虽然这并不是个好主意，但我在私信中对他们部分人动了粗口。有些人将这一私信内容复制给了我所在大学的校长。我现在发现自己处在一个相当卡夫卡式的处境，我被指控“针对民众的荒谬行为”，我必须为自己“解决”这件事。这需要付出什么样的代价？会对我的工作产生影响吗？当然，我需要认真对待这种情况，并在未来杜绝自己的冲动行为。

试一试

■ 准备一次采访（如，地方或国家性报纸、电台或电视节目、内部或对外的大学通讯）或在社交媒体上发文（如博客、微博客）。

■ **人物**。站在观众的立场上。

教育水平 为什么他们想要或需要了解你的工作 近期媒体对你的话题的关注 近期编辑收到的关于你的话题的来信 关于你的话题的看法和情感 在社交媒体上搜索记者或影响者和社区

■ **内容**。定义你想要的与你的观众分享的信息。

主要关键信息（故事的题目，一句吸引人的俏皮话） 其他关键信息（主要故事元素）

■ **准备讲故事**。

举例（使故事更为具体） 趣闻轶事（使故事更为生动） 隐喻（通过相似说明问题） 引用（其他人在何时是如何说的） 补充内容、图片、视频（是你的故事元素可视化）

■ **令人讨厌的问题**。你可能需要回答那些你不想被问及的问题。将这些问题标记为与你的关键信息相关（k），与你的专业相关（e），在你的专业范围边缘（b），或你应当礼貌地拒绝回答的问题（r）。

	问题	回答
1	如何……会……？	我认为重要的是……

续表

	问题	回答
2	如果……那么……?	最重要的是……
3		
4		
5		
6		
7		
8		
9		
10		

■ 找到主要（全国性）报纸的科学记者姓名，并在谷歌上对他们进行搜索；他们通常在哪里出现，你能不能跟他们见面并认识他们?

■ 研究在维基百科已有页面中增加你的研究内容或者新增关于你的维基百科页面的规则。

■ 在谷歌中搜索你自己，会出现什么? 未来的合作者、雇主、记者和公众都能获得这些信息。哪些是好的? 坏的? 甚至丑陋的? 你的网上信息是否专业、强大、完整、及时更新，并且可见? 你的某些网上账号是否需要删除? 你需要改进你的沟通方式吗? 现在是时候更新你的网页简介了吗? 如果你不是社交媒体的用户，试着成为其用户，并且分析谁在推特或其他媒体上是具有影响力的人、社团或组织，然后考虑你可以关注哪些人。如果你是用户，那试着成为活跃用户（例如，发表关于你最新文章的微博或博客；表 3.7）

■ 使用社交媒体搜索引擎（例如，Socialmention.com）来寻找提到你感兴趣的关键词的博客、微博客、图片和视频。

3.5

网页简介

在诺贝尔奖委员会写给那些获邀成为候选人提名人的信中，有这么一项要求：

无需提交简历、出版物清单、重印或其他容易从互联网上获得的材料。

在科学界，个人网站和个人邮箱地址是你最重要的两个“电子代表”。

希望了解更多关于我的信息？请查看我的个人网站。

希望与我联系？请发电子邮件给我。

现如今，一名专业的科学家比以往任何时候都更需要专业的个人简介和网站。你所在的大学可能会在其网站上提供你的个人页面和电子邮件账号。这些非常有用，但是如果你离开后怎么办？你和你的团队成员需要一个永久的个人网站和一个永久的电子邮件地址吗？你很可能从一所大学的本科课程转到其他大学的研究生课程，再从那里转到其他地方的博士后职位，然后可能是一个固定的或永久的职位，也可能在退休前在另外一些单位工作。所以答案是肯定的，是的，科学家们现在可能想要一个终身的网站和电子邮件地址。

网站内容

在你的个人网页上，你为自己和自己的研究工作进行品牌推广。这可能有助于以下人士了解你以往表现和你所能够提供内容的第一个场所：

- 阅读你的求职信的未来雇主
- 将其工作要求与你的网页简介相匹配的猎头
- 审阅你的基金申请中的网页连接的评审者
- 正在搜索网页并考虑与你一起工作的学生
- 基金申请中需要合作伙伴的科学家
- 可能提名你或你的团队成员的奖励委员会成员
- 正在寻找你所在领域专家的记者

你可以提供相关信息，如联系信息、研究主题以及简历（表 3.11a）。一旦你开始有了自己的团队，你就可以进一步纳入团队信息及其更新。记住，对网站的（第一）印象可能会反馈别人对你的素质的看法。例如，如果你申请 100 万美元的资助，评审者可能会搜寻有关你的领导能力的确凿证据，并可能对你的个性形成个人观点——所有这些都来自你的网站！你的网站简介是否确实支持你在基金申请中关于领导技能的陈述？他们能相信这么大一笔钱会掌握在可靠的人手里？软信息也很重要。例如，可添加团队成员的照片和社交活动，以证明你深谙在科学中人的重要性。提供关于你的研究和作为研究人员的你的软硬件信息（表 3.11b）、你在本领域的影响（表 3.11c）、你吸引并培训和指导学生以及处于职业生涯早期的研究人员的能力（表 3.11d）、你如何分享结果（表 3.11e）和你的利益清单（表 3.11f）。

如果被允许，在你的网页上适当引用你的大学网页并加入大学标志——大学的威望和声誉现在正在向你延伸。此外，这表明你是一个好员工：你也希望为你的大学服务和提升（你的母校，即“反哺”）。上传尽可能多的有序信息到你的大学网页，并添加一个链接到你的永久个人网站。大学网页通常是为搜索引擎优化的：如果有人在搜索你，它可能是列表上的第一个。

表 3.11　人们在你的个人网页上搜寻的信息举例

3.11a　联系和基本信息

你		
专业领域，针对专业人员和非专业人员	职位	联系信息
个人简介	PDF 格式的简历	完整地址，包括房间号、电话号码、电子邮件地址

3.11b　研究或研究者的质量

研究		
3～5 项主要科学成就	3～5 篇最佳论文	所有已发表的文章
已完成项目	正在进行中的项目	重点发表文章
ORCID 研究者编号	你的谷歌学术账号链接	Almetrics 替代指标
研究者		
获邀讲座	奖项	杰出会员
杰出基金	基金——主要研究者	基金——联合主要研究者
会议组织者	会场主席	合作者

3.11c 学术界内部 / 外部的价值化 / 影响 / 参与 / 拓展的质量

价值化		
专利	许可执照	分拆业务
影响		
新消费品	改善健康结局	改变政策
参与		
用户参会与	最终用户参与	公民科学
新闻剪报	电视 / 电台	社交媒体
新闻报纸项目	公共讲座	科普文章或书籍

3.11d 指导个人和领导团队的能力

团队		
目前团队成员	学术界内部 / 外部的校友	支持人员
访问学者	学生 / 实习生	与我们一起学习！
团队学术研讨会	社会活动	闭门会议
（以往）学生 / 团队成员所获基金	（以往）学生 / 团队成员所获奖项	与我们一起工作！ 空缺职位和要求申明

3.11e 公开科学的质量

可下载的		
文章	演讲	视频
书籍	插图	手册
软件	数据	大数据

3.11f 利益透明

其他活动		
杂志编辑	委员会成员	董事会成员
辅助活动		
咨询顾问	顾问	公司所有者 / 股东
第三方		
你与第三方的合作	你在第三方的经济利益	你在第三方的政治利益

你可以将外部信息的任何链接（如，已发表的论文）复制到自己的网站中，还可以在资助申请书、壁报、传单、名片、社交媒体等处添加你的网站内容（如，视频、公共宣传网页）的链接。如果 URL 太长，请缩短它。

■ **缩短** URL。统一资源定位符（URL）是一个网站链接。处理长网页链接的一种方法是将其缩短。你可以使用免费工具插入网页链接从而获得短网址（如，bitly.com 或 tinyurl.com）。这是通过在域上使用缩短的重定向来实现的，该重定向链接到你使用长 URL 的网页。URL 名称中包含的信息将会丢失，但是缩短的 URL 对于社交媒体（例如 Twitter）来说比较经济，因为那里的字符数受到限制。

■ DOI。科学出版者经常使用数字对象标识符（DOI）来识别文章。例如，在 doi：10.1038 / nbt.3240 中，前缀 1038 是指注册单位——自然出版集团，后缀 3240 是指《自然生物技术》（NBT）杂志中的第 3240 条。DOI 链接到文章的 URL。如果将来需要，可以在后台更改 URL，而 DOI 保持不变。DOI 还可以引用文章中的页面、表格或图形或任何其他数字对象。只有当你或你的大学在 DOI 系统上注册并付费后，你才能够生成 DOI 代码。可以使用 CERN 提供的服务来创建 DOI（zenodo.org）。目前也有将 DOI 转化为其他文章 ID，如 PubMed 的 PMID（或将其他 ID 转化为 DOI）

的工具。

■ DAI。科学出版商、资助机构和其他组织越来越多地使用数字作者标识符（DAI）来识别研究人员。它使收集所有出版物变得很容易。它将你与同名同龄人区分开来（如有许多名为 Li Y 的研究人员）。它可以解决姓氏繁复的问题（如 De Jong 有时可能写成 DeJong，Gonzalo-Morgado 可能写成 Gonzalo）。获取永久的数字标识符：在 orcid.org 上注册以获取你的公开研究者和贡献者身份 ID，并在提交文章，基金申请等情况时将其包括在内。ORCID 是非营利性的，并得到许多利益相关者的支持。其他身份 ID（如 ResearcherID 和 ScopusID），是商业性的。

■ **二维码**。快速响应代码（QR 码）是二维条形码，用于存储有限大小（如最多 7000 个字符）的数字信息。用户可以用自己的智能手机扫描 QR 码，然后可能会显示存储在该码中的其他相关信息，或者如果它对 URL 进行了编码，它将自动打开网站，启动视频等。你可以将 QR 码的图像添加到任何文档中。例如，将其添加到你的基金申请中，小组成员和审阅者可以对其进行扫描，以观看简短的视频，在其中你可以向他们展示自己的设施或简要介绍你的项目构想。将其添加到会议海报中，会议参与者可以轻松打开你的网站，其中包含有关你的研究的更多信息。与在智能手机的浏览器中输入长网址相比，扫描二维码图像要容易得多。有几个免费和付费的网站和应用程序（如 Google）可以生成二维码。智能手机具有用于扫描 QR 码的内置应用，也可以免费下载相关应用。

电子邮件

电子邮件已经成为科学交流中的主要媒介，你（和你的团队成员）每天发送和接收许多电子邮件。你的电子邮件地址还会显示在已发表的科学文章（读者可以与你联系以进行查询）、壁报、会议参与者列表、名片、大学网站和个人页面等上面。附加信息可以作为附件放在电子邮件或通过网站链接进行附加。因此，你的电子邮件信箱是你研究业务的重要电子档案，如今几乎不需要删除电子邮件。从你的大学电子邮件账户设置自动转发到你的个人账户。注意：你的大学可能有一个备份已发送和已接收的电子邮件以及恢复已删除的电子邮件或文件夹的系统；其他电子邮件提供商可能不会提供此备份，你必须自己安排。但是一旦你离开大学，你的大学电子邮件归档可能会被关闭并删除。

敏感的个人问题不应通过电子邮件讨论，而应使用电话或直接与你的团队成员、主管或合作者交谈。你不想冒险让收件人误解你的信息，或者——更糟的是——他或她与他人共享该信息，或者——更糟的是——在法庭上使用该信息。面对面接触可以发现并立即消除误解。人际交往中的大部分内容并不在于文字本身，而在于语音、语调、语速和其他身体语言，这些在书面电子邮件中都无法体现。但是，在某些情况下，你可能更喜欢使用电子邮件，以便你有时间思考并对你的信息进行微调。等待几个小时，然后像接收人一样再次阅读电子邮件草稿，最后才发送你的邮件。慎用“回复所有人”这一选项，尤其是在激烈辩论时。

像院长或者系主任这样忙碌的人每天可能会收到数百封电子邮件，如果他们不认识你的名字，他们甚至可能不会打开电子邮件。因此，为电子邮件选择正确的主题行极为重要。它应该信息丰富并引人瞩目。邮件的前两三句话应该简明有力，并能说服读者继续往下阅读。给忙碌的人的电子邮件应该简洁明了，结构清晰。实际上，我们都很忙，所以让我们讨论一下对内部电子邮件行为的期望（表 3.12）。

表 3.12 与你的学生、团队成员和支持人员就保持内部电子邮件的可管理性达成一致：有关电子邮件 5 个组成部分中每个元素可以达成共识的示例

发件人 / 收件人	避免发送大量电子邮件。发送更少的电子邮件。减少使用“抄送”和“回复所有人”。不要通过电子邮件发送会议上的信息。

续表

日期 / 时间	在两个工作日内回复。在特殊情况下，需要更快的答复，请以“紧急”开头主题行。
主题行	使用强关键字。收件人可以决定立即阅读或在稍后适当的时候收取邮件。指导发件人使用，例如“报告 – 第 3 周”。
电子邮件 正文	易于阅读。在前 3 行中描述电子邮件的主要目的。结构化你的消息。使用标题、短段落、空行、项目符号、粗体、下划线和 / 或斜体。以简短并提供有用信息的签名结尾。
电子邮件 正文（回复）	易于阅读。编辑回复电子邮件使其便于自上而下阅读；例如，首先是他们的问题，然后是你的回答。从原始电子邮件中删除签名和其他不相关的上下文。
附件	使用能够提供有用信息的文件名。收件人可以保存此类文件而无需重命名。指导发件人使用，例如“报告 3 – 姓名 .doc”。请勿在附件中添加标识或签名。

你的电子邮件可以看起来就像是真正的网页：一个漂亮的布局，你和他人网站的超链接，带有照片、图片和社交媒体图标。这一类型的增强型电子邮件特别适用于新闻通讯或活动公告。你可以将有关研究小组或您正在组织的会议的信息以吸引人的方式传播给一群人。适用于多种显示类型的优质 HTML 电子邮件模板可免费获得。对于那些无法接收或查看 HTML 版本的用户，最好在新闻通讯中包含普通文本版本（许多电子邮件服务器会自动为你执行此操作），并为他们提供指向可以打开网站的链接并在其网络浏览器中查看内容（你必须将此链接添加到 HTML 版本）。如果要完全或部分自动地将电子邮件发送到收件人列表，则需要特殊的邮件列表软件（如 MailChimp）。该软件使用“反射器”电子邮件地址：你将电子邮件发送到该反射器电子邮件地址，以将其分发到相应电子邮件列表中的所有地址——收件人将仅看到反射器电子邮件地址，而不看到其他收件

人的电子邮件地址。对于新闻通讯，用户可以通过基于 Web 的界面或通过将电子邮件发送到特殊的电子邮件地址来订阅或取消订阅。

如有必要，有两种方法可以保护电子邮件通信的隐私。

■ **添加免责声明**。在你意识到之前，你可能从下拉列表中选择了错误的（邮件）地址。至少，您可以在重要的电子邮件上附加一个（链接到）免责声明，以明确指示意外接收者忽略该电子邮件（表 3.13）。免责声明具有法律地位。

表 3.13　在电子邮件中使用的免责声明示例：从基础到扩展

该信息内容为机密，仅供收件人阅读。除收件人之外的其他人均不得使用该信息、将其公开或以任何方式复制或分发此信息。XXX 大学不对所传输信息的不完整接收或延迟负责。
所传送的信息（包括附件）仅适用于所针对的个人或实体，并且可能包含机密和 / 或特许材料。除预期接收者外，任何个人或实体均不得对本信息进行任何评论、传输、传播，或以其他方式使用本信息或采取任何行动。如果您错误地收到此信息，请联系发送者并销毁此信息的任何副本。
本通讯中包含的内容是机密信息，并可能具有法律特权。本信息仅适用于所针对的个人或实体以及其他有权接收本信息的个人。如果您不是预期的收件人，我们特此通知您，严禁任何依赖此信息内容的披露、复制、分发或采取任何措施，上述行为可能是非法的。如果您错误地收到此消息，请立即通过退回电子邮件与发件人联系。XXX 大学对本通讯中所包含信息的正确或完整传输不承担任何责任，也不对其接收的任何延迟负责。XXX 大学已采取一切合理的预防措施，确保已清除此电子邮件的任何附件以防病毒。但是，对于因软件病毒造成的任何损坏，我们不承担任何责任，建议您在打开任何附件之前进行自己的病毒检查。该电子邮件仅用于传达与公司相关的材料。该电子邮件作者表达的与业务无关的观点仅是他 / 她自己的观点。XXX 大学对本电子邮件中表达的观点概不负责。

■ **加密电子邮件**。按下“发送”按钮，你的文档就像普通邮件一样通过一组计算机节点传输到接收者的收件箱中，并且除非经过仔细密封，否

则所有信息都可以像阅读传统明信片的背面一样被阅读。我们都知道，诸如谷歌之类的公司和诸如美国中央情报局之类的政府机构可以监视你的电子邮件，甚至阅读你的文档。其他各方也是如此。你可以通过加密对信息进行编码，这要求发件人和收件人在发送公钥和私钥方面进行协作。

使用现有的网络平台?

目前，部分商业团体提供了用于共享专业/研究资料的平台，例如Linkin、Wordpress、ResearchGate、Academia.edu和Mendeley.com。你可以轻松地让你的文章在线发表。使用其中一个或多个学术平台可能是明智的选择，因为这增加了你被发现、引用、邀请、搜寻等的机会。但是，开放科学与此类商业以及与之相关的指标缺乏透明度，且与责任制相冲突。商业团体需要在某个时候获利，就像将学术出版视为高利润市场的公司一样。此外，公司可以改变其政策和策略，可以被出售甚至破产：学术界不应依赖它们。相反，大学是最稳定的机构，其中一些已有数百年历史。你的大学（或大学联盟）可能会为你提供一个稳定的系统，以及一个终生的网站和电子邮件地址。

支持人员网页?

重要支持人员是否应该提供与科学家类似水平和风格的个人页面？它可以帮助我们了解我们所有人对以科学为业务的重视程度。因此答案是："是的，他们应该。"他们的互联网网页清楚地体现了他们的工作质量。此外，支持部门的网页应该显示有关所提供服务内容，这些服务既往对研究和研究人员有何影响以及研究人员对这些服务的信心等具体信息（图3.6）。

（a）IT支持举例

可视性宣传 A	合作交流 B
1. 博客（blog、vlog） 2. 脸书、推特等 3. 网站托管 4. 维基百科 5. MOOC、SPOC	1.文档协同写作 2.文件共享 3.文件传输 4.远程会议 5.网络门户

收集数据 C	数据存储和归档 D	数据分析和可视化 E
1. 采集应用程序 2. 游戏 3. 感受器 4. 调查 5. 推特爬虫	1. 数据库 2. 电子杂志 3. 外部存档 4. 本地存储 5. 电子表格	1. 深度学习 2. 地理分析 3. HP计算 4. 虚拟现实 5. 3D可视化

（b）基金支持举例

媒体研究 欧洲研究委员会资助	A3 C5 D1 E2
天文学 国家科学基金资助	B4 D3
医学 Wellcome基金会待定	B1 E5

图 3.6 信息技术中心提供的事先与事后服务。“我们已经帮助数十名研究人员撰写基金申请并运行了受资助的项目”

一个教授的轶事

糟糕的事情时有发生

我当时在等待一封电子邮件，其中包含与多个合作伙伴最终确定基金申请所需的信息。我当时还在组织一次会议，并在等待包含演讲者摘要的电子邮件。这是我们经常涉及的一类事情，没什么特别的。

我的大学使用了该领域的全球参与者之一生产和提供的电子邮件软件。这非常令人放心。有时需要进行升级，有时它们是重要的升级。好吧，我们是众多客户中的一员，那怎么会成问题呢？

结果，系统在其宣布的日期升级。然后麻烦就开始了。最初，人们登录后连接到其他人的电子邮件箱。然后，收到的电子邮件被退回。最后，整个系统崩溃了。不是仅仅 1 个小时，也不是 1 天，而是整个 1 周！没有任何有关何时或是否将其修复的消息。

没有电子邮件，大学就迷失了，它根本无法运行了。危机已经开始，尽管并非对我们所有人都如此。包括我在内的一些人正在自动将我们的电子邮件转发到另一个独立的账户，幸运的是，即使系统崩溃，转发仍然可以正常工作。太棒了！因此，尽管并非理想，但该备份系统帮助我访问了我的电子邮件，并在其他同事继续遭受苦难的情况下生存下来。

这样的危机确实会发生，但是我们准备好了吗？我们是否过分依赖诸如谷歌或微软之类的公司，它们可以大幅度改变其条款和条件，甚至崩溃？我们可以抵制对我们机构的分布式拒绝服务（DDoS）攻击吗？在高科技社交网络时代，我们还应该准备些什么？例如，2017 年 6 月对鹿特丹港口和国家卫生服务局（英国）的攻击就是非常典型的网络威胁。

试一试

网站

■ 统一资源定位符（URL）是你网站的地址。它应该提供有关网站内容的信息，同时应简短且易于记忆。为您的网站创建一个唯一的网址，并检查其是否仍然可以使用（使用搜索引擎）。网址由 3 部分组成：www、名称、扩展名。对于名称部分，你可能需要使用自己的名称，（如“smithlab”或“anthonysmith”），或使用简短的文字来宣传你的专业，如“法律案例研究”或“法律案例门户”（尽管诸如“门户”可能表明它是整个领域的入口站点）。扩展名可以是“edu”“org”“com”“info”或您所在国家的缩写（如“eu”或“uk”）。

■ 开发一个主页和子页面架构。

■ 为每个页面撰写高质量的内容。

■ 为每个页面创建一个简短的标题（不超过 20 个字）。

■ 为每个页面撰写一个准确的摘要（不超过 30 个字）。

■ 考虑最佳搜索字词添加到你的网页［搜索引擎优化］。

■ 决定向经验丰富的支持人员询问以前的工作、时限和成本的示例。或决定自己动手做，并搜索“免费网站托管”和“免费网站工具”。例如，Wordpress 是一种内容管理系统，其中包含在 CC-BY 许可证之下可立即用于学术网站的学术网站模板。

■ 网站上线几周后检查结果：你的网站是否很好地出现在相关查询的搜索引擎列表中？在不同的计算机上检查几个不同的搜索引擎（否则，搜索历史会影响弹出的内容）。

■ 经过一段时间后，请检查其他统计信息：①有多少人访问你的网站，他们从哪个链接访问该网站，他们在哪里登录以及停留多长时间？②有多少个外部网站链接到你的网站？③哪些查询将人们吸引到你的网站？你的供应商和搜索引擎（如谷歌分析）可以提供这些统计信息。

■ 大学可能拥有可以生成各种报告（如，出版物列表）的高级报告系统（如 PURE）的许可证，将其放置你在大学网站的网页上。

电子邮件

■ 创建你的终身电子邮件地址，也许是从你的网站 URL 派生而来的电子邮件地址。托管个人网站的供应商通常还会提供 1 个或多个电子邮件地址。请参阅表 3.14（电子邮件地址也由 3 部分组成：本地——名称、@ 名称、扩展名）。

表 3.14　电子邮件选择

Info@smithlab.org	可能最终进入垃圾邮件文件夹
anthony@smithlab.org	更具体和个人
courses@smithlab.org	使用多个本地名称
smithlab@gmail.org	如果你希望使用谷歌
amsmith@gmail.com	使用缩写和姓氏
amsmith2019@gmail.com	增加年份以减少垃圾邮件

■ 为电子邮件开发简短而醒目的签名。包括必要的 Web 链接和近期成功信息。

■ 你是否需要在电子邮件中包含免责声明（或指向免责声明的链接）？准备一个，并与你的法律事务官员讨论。

■ “不应通过电子邮件讨论敏感的个人问题；而是使用电话或直接与你的团队成员、主管或协作者通话。”检查你最近的电子邮件历史记录。当使用电话或面对面交谈更合适的时候，有多少情况下你却使用了电子邮件？

维基百科

■ 阅读维基百科针对学术主题或传记的指南中的“教授检验”标准，以了解你是否可以加入维基百科：https://en.wikipedia.org/wiki/Wikipedia:Notability_%28academics%29。

■ 阅读维基百科的利益冲突政策：何时不提供 / 编辑维基百科内容：http://en.wikipedia.org/wiki/Conflict-of-interest_editing_on_Wikipedia。

■ 你的研究领域、研究（文章）和 / 或个人信息是否被维基百科涵盖？你应该考虑贡献自己的理论吗？

结束语

当且仅当知识被正确地传递给合适的受众时，研究才能使知识的边界进一步扩展，这就是“学术”之所以存在的全部目的。

“学术”（academia）一词来源于希腊语的 Ἀκαδήμεια，这是传说中的雅典英雄阿卡德莫斯（Akademos）的所属之地，其中有供奉智慧女神雅典娜的圣所（καδημία）。公元前 387 年，柏拉图在这里建立了他的学院。“哲学”一词来源于希腊语 φιλοσοφία，最初的含义是“对智慧的爱”，而“学校”这个词来源于希腊语 σχολή，最初的意思是“休闲”。柏拉图的门徒，一群有钱又有闲的人，自愿来到学院学习知识并进行思辨。

许多个世纪以后，你在学术界创办了自己的“哲学学院”，培训学士、硕士生、博士生和博士后。尽管这项工作花费了你很多时间，但它反过来也会推动你的研究。

每年都有大量新生涌入学校，又有大量受过良好教育的劳动力外流。帮助所有这些（处于职业生涯早期阶段的）人做出正确的职业选择并充分发挥他们的才能，对于他们自己和社会都是至关重要的，当然，对于你的研究而言也同样至关重要。

有些学生会表现出在科学方面的天赋，使得你怦然心动；只有非常少数（< 1%）非常积极的学生会被邀请在科学领域继续他们的职业生涯，他

们可能会和你一起工作一段时间，于是，一个学士变成了硕士，然后又获得了博士学位。屈指可数的人会一路升至正教授。学生和博士后都是你的劳动力，他们可以帮助你产出大量的研究成果，直到他们在学术界或其他地方获得新的职位时再同你告别。如果你是一位团队领导者，那么你有责任训练你的团队成员，让他们不仅为担任团队中的角色做好准备，也为下一步的职业发展做好准备。科学领域的职业金字塔非常陡峭，许多获得正式职位的博士后、助理教授和副教授也只能在学术界以外的领域继续他们的职业生涯。大学是一个充满了“教与学”氛围的地方，与其中大多数人道别只是其运行模式的一部分。从研究者的角度来看，这样的告别所带来的知识流失无疑是令人遗憾的，但也正是因为如此，政府才会专门为你和学术界的同行们投入财政资源。

你需要履行的教育职责不仅限于你的学生和团队成员范畴，一旦如你所愿——前沿知识发生了更新，你还必须向已经离开的人（包括你的校友和其他大学的人）传递这些新的知识。在当今这个知识型社会，终身学习越来越重要。

除了已经离开大学的人，你还需要对那些正在考虑步入大学的人（也就是高中生）负责。在你的帮助下，他们才能在大学里做出合理的选择。这样的行为利于学生、利于社会，那么你自己是否有获益呢？当然有，你和你的学生之间会有更高的适配度，并且你会拥有一个更好的人才库，可以从中招募未来的学生和团队成员。

至于那些非专业人士、一般听众或者街头的男男女女们，你是否需要教育他们呢？他们往往缺乏基本的教育背景，可能无法理解你的研究所涉及的那些关键词。尽管如此，你仍然应该保证普罗公众能够对你的研究内容有基本的了解。毕竟，他们纳税为你的研究买单。作为公民，他们拥有投票的权利；通过他们所选择的政治家，他们可以参与社会的重大决策、相应的研究议程以及用于大学研究和商业预算的分配。想象一下如果你的研究方向并不在他们的计划中，那可怎么办？

在学术界，你具有很高的自由度。因此你需要有企业家的精神，表现出主动性，制定自己的策略以最大程度地成就你的“生意”，但实际上你所能够了解和把控的也就这么多了。不过幸好，一些其他支持人员能够为你提供关键性的专业知识和额外的援手。因此，你战略的第一步应该是与这些人建立紧密的联系，将你个人的“生意”转变为合资企业。

拓展阅读

书籍

Cain S(2012). Quiet：The Power of Introverts in a World that Can't Stop Talking. New York, NY：Crown Publishing Group.

Covey SR(1989). The Seven Habits of Highly Effective People. New York, NY：Simon & Schuster.

Covey SR(2004). The 8th Habit：From Effectiveness to Greatness. New York, NY：Free Press.

Eve MP(2014). Open Access and the Humanities. Cambridge：Cambridge University Press. https://doi.org/10.1017/CBO9781316161012.

Fisher R, Ury WL, Patton B(1991). Getting to YES：Negotiating an Agreement without Giving In(2nd edn). New York, NY：Penguin Group.

Heath C, Heath D(2007). Made to Stick：Why Some Ideas Survive and Others Die. New York, NY：Random House.

Jansen RC(2011). Developing a Talent for Science. Cambridge：Cambridge University Press. https://doi.org/10.1017/CBO9780511667053.

Jansen RC(2013). Funding Your Career in Science：From Research Idea to

Personal Grant. Cambridge：Cambridge

University Press. https://doi.org/10.1017/CBO9781139626965.

Kolb DA(1983). Experiential Learning：Experience as the Source of Learning and Development. Upper Saddle River, NJ：FT Press.

Maister DH, Green CH, Galford RM(2000). The Trusted Advisor. New York, NY：Free Press, Simon & Schuster.

Riso DR, Hudson R(2017). Personality Types. Old Saybrook, CT：Tantor Media.

Suber P(2012). Open Access. (MIT Press Essential Knowledge Series). Cambridge, MA：MIT Press. http://legacy.earlham.edu/ ~ peters/fos/overview.htm.

Ury WL(2007). Getting Past NO：Negotiating with Difficult People(2nd edn). New York, NY：Penguin Group.

West MA(2012). Effective Teamwork：Practical Lessons from Organizational Research(3rd edn). Leicester：BPS Blackwell.

Yuki G(2013). Leadership in Organisations(8th edn). London：Pearson Education.

PLoS 杂志

公共科学图书馆（PLoS）杂志发表的论文、评论和观点性文章，例如：

McKiernan EC(2017). Imagining the “open” university：Sharing scholarship to improve research and education. PLoS Biol 15(10)：e1002614. https://doi.org/10.1371/journal.pbio.1002614.

Moher D, Naudet F, Cristea IA, et al.(2018). Assessing scientists for hiring, promotion, and tenure. PLoS Biol 16(3)：e2004089. https://doi.org/10.1371/

journal.pbio.2004089.

同样参考由 PLoS Computational Biology 发表的“十条简单规则”专辑：

Bik HM, Dove ADM, Goldstein MC, et al.(2015). Ten simple rules for effective online outreach. PLoS Comput Biol 11(4)：e1003906. https://doi:10.1371/journal.pcbi.1003906.

Hart EM, Barmby P, LeBauer D, et al.(2016). Ten simple rules for digital data storage. PLoS Comput Biol 12(10)：e1005097. https://doi:10.1371/journal.pcbip.1005097.

Martin JL(2014). Ten simple rules to achieve conference speaker gender balance. PLoS Comput Biol 10(11)：e1003903. https://doi:10.1371/journal.pcbi.1003903.

Michener WK(2015). Ten simple rules for creating a good data management plan. PLoS Comput Biol 11(10)：e1004525. https://doi:10.1371/journal.pcbi.1004525.

Shaw DM, Erren TC(2015). Ten simple rules for protecting research integrity. PLoS Comput Biol 11(10)：e1004388. https://doi:10.1371/journal.pcbi.1004388.

《自然》和《科学》杂志

科学和自然杂志发表的文章和评论（部分在其 NatureJobs 页面上）。检查更多最近发表的文章和评论。这是此集合中的快照：

Bosch G(2018). Train PhD students to be thinkers not just specialists. Nature 554 ：277. https://doi:10.1038/d41586-018-01853-1.

Collins FS, Tabak LA(2014). Policy：NIH plans to enhance reproducibility. Nature 505 ：612-13. https://doi:10.1038/505612a.

Editorial(2018). A code of ethics to get scientists talking. Nature 555 : 5. https://doi:10.1038/d41586-018-02516-x.

Editorial(2018). Checklists work to improve science. Nature 556 : 273-74. https://doi:10.1038/d41586-018-04590-7.

Flier F(2017). Faculty promotion must assess reproducibility. Nature 549 : 133. https://doi:10.1038/549133a.

Merton DK(1968). The Matthew effect in science. Science 159(3810): 56-63. https://doi:10.1126/science.159.3810.56.

Open Science Collaboration(2015). Estimating the reproducibility of psychological science. Science 349(6251). https://doi:10.1126/science.aac4716.

Powell K(2015). Interviews: Big ideas for better science. Nature 528 : 589-90. https://doi:10.1038/nj7583-589a.

Price M(2018). Proposal to rescue postdocs from limbo draws darts. Science 360(6386): 253. https://doi:10.1126/science.360.6386.253.

Special issue(2015). Challenges in irreproducible research. Nature(growing online list of articles). www.nature.com/news/reproducibility-1.17552.

Special issue(2015). Interdisciplinarity. Nature. www.nature.com/news/interdisciplinarity-1.18295

Stephan P, Veugeler R, Wang J(2017). Reviewers are blinkered by bibliometrics. Nature 544 : 411-12. https://doi:10.1038/544411a.

Sundin J, Jutfelt F(2018). Keeping science honest. Science 359(6383): 1443. https://doi:10.1126/science.aat3473.

Urry M(2015). Science and gender: Scientists must work harder on equality. Nature 528 : 471-73. https://doi:10.1038/528471a.

Woolston C(2015). Conference tweeting rule frustrates ecol-ogists: Complaints ensued when attendees at an ecology meeting were asked to get permission before live-tweeting. Nature 524 : 391. https://doi:10.1038/524391f.

Woolston C(2018). Science PhDs lead to enjoyable jobs. Nature 555：277. https://doi:10.1038/d41586-018-02696-6.

其他科学杂志

Bol Th, De Vaan M, Van De Rijt A(2018). The Matthew effect in science funding. PNAS, published ahead of print April 23. https://doi.org/10.1073/pnas.1719557115.

Eve MP, Inglis K, Prosser D, Speicher L, Stone G(2017). Cost estimates of an open access mandate for monographs in the UK's third Research Excellence Framework. Insights 30(3)：89-102. https://doi:10.1629/uksg.392.

Gaucher D, Friesen J, Kay AC(2011). Evidence that gendered wording in job advertisements exists and sustains gender inequality. Journal of Personality and Social Psychology 101(1)：109-28.

Munafo MR, Nosek BA, Bishop DVM, et al.(2017). A manifesto for reproducible science. Nature Human Behavior 1. https://doi:10.1038/s41562-016-0021.

Prins P, De Ligt J, Tarasov A, et al.(2015). Toward effective software solutions for big biology. Nature Biotechnology 33：686-87. https://doi:10.1038/nbt.3240.

Redeker M, De Vries RE, Rouckhout D, Vermeren P, De Fruyt F(2014). Integrating leadership：The leadership circumplex. European Journal of Work and Organizational Psychology 23：435-55.

Scheffer M(2014). The forgotten half of scientific thinking. PNAS 111：6119. https://doi:10.1073/pnas.1404649111.

Trelles O, Prins P, Snir M, Jansen RC(2011). Big data, but are we ready? Nature Reviews Genetics 12(3)：224. https://doi:10.1038/nrg2857-c1.

Tuckman BW(1965). Developmental sequence in small groups. Psychological Bulletin 63(6)：384-99. http://dx.doi.org/10.1037/h0022100.

Wilkinson MD, Dumontier M, Aalbersberg IJ, et al.(2016). The FAIR guiding principles for scientific data management and stewardship. Scientific Data 3 ：160018. https://doi:10.1038/sdata.2016.18.

《科学家》和《科学美国人》评论文章

检查其每日或每周的文章和评论。这是快照：

Akst J(2015). #IceBucketChallenge payoff：A year after the viral ALS awareness campaign raised millions, researchers say they have something to show for the influx of funds. The Scientist, August 20.

Grant B(2014). The working vacation：Sabbaticals are one of the perks of the academic life. They may seem daunting to implement, but the time away could prove invaluable to your career. The Scientist, April 1.

Grens K(2015). Self-correction：What to do when you realize your publication is fatally flawed. The Scientist, December 1.

Kwon D(2017). A turbulent year in the publishing world. The Scientist, December 16.

Lee DN(2014). Scientists draw on personal experience to guide their curiosity. Scientific American, October 1.

Phillips KW(2014). How diversity makes us smarter. Scientific American, October 1.

Pritsker M(2013). Opinion：Video saved the scientific publi-cation. How visual materials and methods can save scientists time and money. The Scientist, November 11.

Thomas JR(2015). Scientific misconduct：Red flags. Warning signs that scandal might be brewing in your lab. The Scientist, December 1.

Yandell K(2014). Keeping up with IP. It's never too early to start thinking about intellectual property rights — even for biologists doing basic research. The Scientist, September 1.

Vence T(2015). Know your PIO. Scientists and public infor-mation officers share several common goals. Here's how to collaborate effectively. The Scientist, January 1.

博客

科学家在各种主题上发表博客。以下是与这本书主题相关的博客快照。在社交媒体上查看新博客。

Albers E(2016). There is no open science without the use of open standards and free software. June 2. http://blog.3rik.cc/2016/06/there-is-no-open-science-without-the-use-of-open-standards-and-free-software/.

Anonymous academic(2015). Academics, you need to be managed. It's time to accept that. August 21. www.theguardian.com/higher-education-network/2015/aug/21/academics-you-need-to-be-managed-its-time-to-accept-that.

Anonymous academic(2016). Academia is now incompatible with family life, thanks to casual contracts. December 2. www.theguardian.com/higher-education-network/2016/dec/02/short-term-contracts-university-academia-family.

Bodewits K, Gramlich F, Giltner D(2018). The autopilot post-doc. Falling into a postdoc after a PhD is a waste of excellent credentials. March 26. http://blogs.nature.com/naturejobs/2018/03/26/the-autopilot-postdoc/.

Cameron D(2013). Solving big-data bottleneck. Scientists team with business innovators to tackle research hurdles. February 7. https://hms.harvard.edu/news/solving-big-data-bottleneck-2-7-13.

Donald A(2016). Writing reference letters. Do you want to be described as hard working? December 2. www.timeshighereducation.com/blog/gendered-adjectives-do-you-want-be-described-hard-working.

Dunleavy P(2015). How to write a blogpost from your journal article. May 17. https://medium.com/advice-and-help-in-authoring-a-phd-or-non-fiction/how-to-write-a-blogpost-from-your-journal-article-6511a3837caa#.osq5tvb8r.

Elson M(2016). Retaining copyright for figures in academic publications to allow easy citation and reuse. November 11. https://medium.com/@malte.elson/retaining-copyright-for-figures-in-academic-publications-to-allow-easy-citation-and-reuse-77c6e2b511fe#.o0odm3ek5.

Macfarlane B(2014). No place for introverts in the academy? In today's brave new world of university learning, students aren't allowed to be shy. September 25. www.timeshighereducation.com/features/no-place-for-introverts-in-the-academy/2015836.article and www.timeshighereducation.com/features/the-story-of-a-shy-academic.

Martin J(2016). Conference gender speaker balance. Show me the policy(part 2). December 9. https://cubistcrystal.wordpress.com/2016/12/09/show-me-the-policy-part-2/.

Masuzzo P, Martens L(2017). Do you speak open science：Resources and tips to learn the language. January 3. Peer J Preprints 5：e2689v1. https://doi.org/10.7287/peerj.preprints.2689v1.

Miedema F(2018). Setting the agenda："Who are we answering to?" BMJ Blogs, January 24. http://blogs.bmj.com/open answering-to/.

Retraction Watch(2017). "I placed too much faith in under-powered studies" Nobel Prize winner admits mistakes. February 20. http://retractionwatch.

com/2017/02/20/placed-much-faith-underpowered-studies-nobel-prize-winner-admits-mistakes/.

Shmerling RH(2016). Medical news a case for skepticism. April 22. www.health.harvard.edu/blog/medical-news-a-case-for-skepticism-201604229481.

Valatine HA(2016). How to fix the many hurdles that stand in female scientists'way. Women face discrimination of many kinds. We need a culture change. December 1. www.scientificamerican.com/article/how-to-fix-the-many-hurdles-that-stand-in-female-scientists-rsquo-way/.

指南、平台和工具包等

末次访问网站的日期：2018 年 4 月 22 日：

公民科学的 10 条原则，公民科学指南和出版物：ecsa.citizen-science.net/documents. 公民科学项目：www.socientize.eu(see also white paper).

荷兰大学集体劳动协议：www.labouragreementuniversities.nl（另请参阅协议全文）.

众筹平台支持开放访问：www.knowledgeunlatched.org/.

DORA（研究评估宣言）：https://sfdora.org/.

欧洲开放科学云：http://ec.europa.eu/research/openscience/eosc.

它有多开放？评估期刊、SPARC、学术出版和学术资源联盟的开放性指南：https://sparcopen.org/our-work/howopenisit/.

知识交流与影响：https://info.lse.ac.uk/staff/services/knowledge-exchange-and-impact/KEI-Toolkit.

Aalbersberg IJ, et al.(2018, February 15). Making Science Transparent by Default; Introducing the TOP Statement. http://doi.org/10.17605/OSF.IO/SM78T.

欧洲研究区人力资源管理指导小组工作组（2015）. 公开、透明和基于功绩的研究人员招聘：清单和报告：https://cdn5.euraxess.org/sites/default/files/policy_library/otm-r-checklist.pdf and https://cdn1.euraxess.org/sites/default/files/policy_library/otm-r-final doc0.pdf.

同行评议者的开放性倡议：https://opennessinitiative.org/.

公众参与：www.publicengagement.ac.uk.

致　谢

此前我曾让很多人读过本书的早期版本，他们对与自己专业领域相关的部分或草稿中的某些案例提供了非常宝贵的反馈。

特别感谢以下科学工作者（其中包括在读博士生、博士后、助理教授、副教授、教授、研究主任、教务主任、大学校长以及校友）：Casper Albers, Anouk Baars, Jim Coyne, Vera de Bel, Lude Franke, Erik Frijlink, Harry Garretsen, Andreas Herrmann, Marian Joëls, Merel Keijzer, Frank Miedema, Ingrid Molema, Ellen Nollen, Alison Perry, Theunis Piersma, Mladen Popović, Pjotr Prins, Diederik Roest, Ody Sibon, Elmer Sterken, Gerben van der Vegt, Connie van Ravenswaaij, Yvonne Verkuijl, Gerry Wakker 和 Martijn Wieling。

特别感谢以下支持人员（包括在职业咨询、研究基金、信息技术支持以及人才发展方面的顾问；基金申请、人才发展方面的培训师；人力资源、法律事务、开放获取、研究资助、研究策略、人才发展等方面的政策顾问；负责校友关系、沟通与营销、教育与研究策略、财务与控制、人力资源以及大学图书馆的主管人员）：Geert-Jan Arends, Holger Bakker, Aize Bouma, Heidi Disler, Margot Edens, Jan Feringa, Hans Gankema, Ineke Ganzeveld, Eric Hoogma, Esther Hoorn, Gerald Lier, Tienke Koning, Peter Meister-Broekema, Bregje Mollee, Marjolein Nieboer, Frank Nienhuis, Klazien

Offens, Anke SchusterKoster, Marion Stolp, Dicky Tamminga, Grytsje van der Meer, Peter van Laarhoven, Marijke Verheij, Yvonne Verkuijl 和 Liesbeth Volbeda。

最后，还要特别感谢 Katrina Halliday（剑桥大学出版社特约编辑）、Eva Jordans（领导力专家）、Jackie Senior（科学编辑，也是本书的编辑）和 Henny van Zanten（我的妻子）。

后 记

《领导科研团队》一书付梓，感慨良多。《开发科研潜能》《申请科研基金》和《领导科研团队》作为里策特·C. 扬森教授的“科研三部曲”系列，中文版就此完成，也了却了我十年的一个心愿。

2013 年年底，当我从荷兰格罗宁根大学毕业时，我所在的研究团队的 Jackie 老师将《申请科研基金》英文版作为礼物送给我。著者里策特·C. 扬森教授在生物信息学领域内的名气如雷贯耳，因此，我早已了解这位“大神”存在。又由于我的副导师傅静远正是扬森教授的博士，其清晰的思路和几臻化境的编程能力让我更加对这位年轻有为的祖师爷仰慕不已。然而，在回国的飞机上一口气读完《申请科研基金》后，我几乎对扬森教授崇拜得五体投地。作为一名著名的生物信息学家，发表高影响因子论文如探囊取物，可以想象其知识储备和思考能力，这也意味着他在该领域耗费了大量精力。即使这样，教授居然用业余时间将“申请科研基金”作为一个科学研究对象进行了全方位研究，写出了《申请科研基金》这样一本书，实在是令人钦佩不已。

因此，将该书翻译为中文就成为了我很自然的想法。在与扬森教授邮件交流中，我更为惊喜地得知《申请科研基金》居然只是同系列著作之一。用科研的思路去探讨如何做好科研，实在是太有价值的一件事；而把这些成果用通俗易懂的语言写出来，对于科研的“菜鸟”来说也算竭尽全力了。当时已经出版的还有该系列之一《开发科研潜能》，即将出版的则正是本书的英文版。于是我的翻译计划就扩大成为将扬森教授的这一系列图书，此后《申请科研基金》《开发科研潜能》中文版陆续由中国协和医科大学出版社出版发行，并取得了很好的社会影响。

与此同时，《领导科研团队》英文版问世后，我们就迅速启动了该书的翻译，然而这本书更加深入探讨了学术进阶之路，所涉及的外延和内涵都超出了前两本书。尽管不断为书中的金句所振奋，但翻译的难度确实是增加了不少。初译稿问世后经历了多轮的文字修改，终于能够达到付梓要求，衷心地感谢参与译校的同事和朋友。

总之，扬森教授关于“进阶科研之道”的系列图书迄今全部面世，希望该系列图书能够给广大青年科研工作者以更加实用、更加有效的帮助。

李乃适